Erfahrungsschätze der Pferdekenner

SIBYLLE LUISE BINDER

Erfahrungs-
schätze der
Pferdekenner

MIT KOSMOS MEHR ENTDECKEN

Überliefertes bewahren

Traditionelles erhalten

SEIT 1822

KOSMOS

Im Gestüt

Im Stall

Im Sattel und vor der Kutsche

Zu guter Letzt

Im Gestüt

Ein Mann von Gewicht: Der Stallmeister

Stallmeister – dabei denken die meisten Leute heute an einen Menschen im Arbeitskittel, der den Futterwagen vor sich durch den Stall schiebt und die Mistgabel schwingt. Doch historisch stimmt dieses Bild nicht.

Die Stallmeister in der Geschichte hatten Gewicht. Im Zusammenhang mit ihnen sollten Sie eher an die Leiter der Staatsgestüte als an die Herren im grauen Kittel denken. Diese führen traditionell den Titel „Landstallmeister" oder gar „Landoberstallmeister", sind auf der höheren Beamtenlaufbahn unterwegs und auch wenn sie nicht mehr den politischen Einfluss ihrer Vorgänger haben, so haben sie im Bereich der Pferdezucht immer noch einiges zu sagen.

▼ Links: Für Jahrhunderte dienten schwere Kaltblüter als Arbeitskameraden. Rechts: Reitpferde waren meist „hohen Herrschaften" – wie hier zum Beispiel Kaiser Wilhelm I. – vorbehalten.

Um sich eine noch genauere Vorstellung zu machen, was der „Stallmeister" einmal war, sollte man zum Beispiel Rudolf Fürst von und zu Lichtenstein anschauen. In der Korrespondenz zwischen Österreichs Kaiser Franz Joseph I. und seiner Gattin „Rudi" genannt, hatte er als Kavallerieoffizier angefangen und rasch Karriere gemacht. Der Kaiser holte ihn dann an den Hof, wo er eine der höchsten Stellungen in der Administration bekleidete: Er war Oberststallmeister. Als der war er nicht nur für den Marstall seines Herrschers verantwortlich – wobei das bei Franz Joseph und seiner pferdeverrückten Elisabeth durchaus eine anspruchsvolle Aufgabe war –, sondern auch für die kaiserlichen Gestüte. Dadurch aber wurde seine

Stellung politisch sehr relevant. In den Staatsgestüten wurde nämlich die Marschrichtung für die Landespferdezucht vorgegeben – und damals ging es da nicht nur um die Frage, ob man mit Dressur- oder Springpferden bessere Chancen am Markt hat.

Einer der maßgebenden Männer am maßgebenden Hof

Um die Relevanz des Stallmeisters und seiner Aufgaben in der Geschichte wirklich verständlich zu machen, muss ich jetzt weiter ausholen. Und wir müssen über Rudi Lichtenstein hinaus noch weiter zurück in der Geschichte – von der Donaumonarchie des 19. zum Hof des Franzosenkönigs Louis XIII. im 17. Jahrhundert. Bei dem hieß der Chef des Marstalls allerdings nicht „Stallmeister", sondern „Ecuyer du Roy" (= Reitmeister des Königs). Und der war natürlich kein besserer Stallknecht, sondern bei Louis XIII. ein Herr von Adel: Antoine de la Baume Pluvinel (1555–1620). Er konnte nicht nur reiten, sondern war auch ein gebildeter, belesener Mann, der seine Arbeit mit den Pferden des Königs schließlich in einem Buch („Le Manège Royal", postum 1623 veröffentlicht) dokumentierte. Darin findet sich eine Menge, was bis heute wichtig ist – wie zum Beispiel folgender Satz: *„Wir sollten besorgt sein, das Pferd nicht zu verdrießen und seine natürliche Anmut zu erhalten, sie gleicht dem Blütenduft der Früchte, der niemals wiederkehrt, wenn er einmal verflogen ist."*

Pluvinels Einfluss auf die Reiterei seiner Zeit war sehr groß. So wie sich nämlich die Reiter heute am Sport orientieren, so gab zu Pluvinels Zeiten der Hof – und dort natürlich die Majestät als Mittelpunkt – den Ton an.

Das Wirken Pluvinels und seiner Nachfolger – der berühmteste darunter war François Robichon de la Guérinière (1688–1751), Ecuyer du Roy bei Louis XV. – reichte aber über die Manège ihrer jeweiligen Herren hinaus. Die Stallmeister – und

das war nicht nur in Frankreich so, sondern an fast allen europäischen Höfen – waren über ihre Verantwortung für die Pferdezucht nämlich in drei politisch sehr wichtigen Feldern zugange: Transportwesen, Landwirtschaft und Armee.

Für uns ist es heute schwer vorstellbar, aber bis Anfang des 19. Jahrhunderts dampfgetriebene Eisenbahnen unterwegs waren, gab es nur zwei Möglichkeiten, Menschen und Güter zu transportieren: mit dem Schiff und zu Pferd. Berge wurden mit Packpferden überwunden, in der Ebene waren pferdebespannte Wagen das schnellste und beste Transportmittel. Und selbst wenn Wasserstraßen genutzt wurden, ging es nicht ohne Pferde. Sie versorgten die Werften mit allem, was zum Schiffsbau benötigt wurde, sie transportierten die Güter in den Hafen und wieder hinaus und sie dienten in der Kanalschifffahrt als „Antriebskraft".

Ohne Pferde ging in der Logistik nichts – und ebenso wäre die Landwirtschaft ohne Pferde nicht möglich gewesen.

In dem Zusammenhang muss ich aber erst einen heute weit verbreiteten Irrtum korrigieren: Landwirtschaft mit dem Pferd bedeutet keineswegs

▲ *Im bayerischen Haupt- und Landgestüt Schwaiganger werden heute noch Kaltblüter gezüchtet.*

▲ Eine Frau durfte früher nur im Damensattel reiten.

Pferde für die Landwirtschaft und die Armee

Damit sind wir wieder bei den Stallmeistern. Wenn man heute von ihnen liest, klingt es fast, als ob sie sich ausschließlich mit Reitpferden befasst hätten. Das sieht aber nur deswegen so aus, weil wir meist im Rahmen der Zuchtgeschichte von Warmblütern von ihnen reden. Und in der Tat: Die Staatsgestüte hatten auch die Aufgabe, die jeweilige zum Land gehörende Armee mit Pferden zu versorgen.

Dabei sollte man aber nicht übersehen, dass die Armeen nicht nur Reit-, sondern auch Bespannpferde brauchten. Sie mussten Kanonen ziehen und den Nachschub transportieren, also wurden durchaus hand- und vor allem zugfeste vierbeinige Kraftpakete gefragt. Diesen Typ Pferd brauchte aber auch die Landwirtschaft, und so fiel es durchaus in die Zuständigkeit der Staatsgestüte, die ländliche Pferdezucht zu beeinflussen. Das ging am einfachsten dadurch, dass man den Stutenhaltern Deckhengste zur Verfügung stellte – und in vielen Ländern reichte die „Zuchtsteuerung" von oben so weit, dass es den Bauern verboten wurde, andere als die vom Landstallmeister abgesegneten Hengste zur Zucht einzusetzen. Diesem Geiste entsprang auch das während der Bismarck-Zeit eingeführte Körgesetz, das bis in die 8oer Jahre des vergangenen Jahrhunderts in Kraft war und die „Verwendung eines nicht gekörten Vatertieres zur Zucht" mit recht hohen Geldstrafen bedachte.

Der Tatsache, dass Pferde und damit auch die Stallmeister früher eine so große Bedeutung hatten, haben wir zu verdanken, dass es rund ums Pferd unglaublich viel Literatur gibt. Man könnte ganze Bibliotheken damit füllen. Es wäre sehr schade, wenn wir das in diesen Büchern gesammelte Wissen vergessen würden. Denn das Meiste aus dem Erfahrungsschatz der alten Pferdekenner hat auch heute noch Gültigkeit. Darum haben wir versucht, das Wichtigste davon hier für Sie zusammenzufassen.

das arme Bäuerlein, das mit seiner mageren Mähre im Schweiße beider Angesichte den Holzpflug über den steinigen Acker zieht. Und der Ausbau der Landwirtschaft zur modernen Versorgungswirtschaft war auch nicht so sehr dem Traktor als vielmehr der „Erfindung" systematischer Düngung mit Kunstdüngern zu verdanken. Bis dahin war man immer von der Ernte abhängig gewesen. Nur wenn sie gut ausgefallen war, konnte man so viele Tiere über den Winter bringen, dass der Dünger im Frühjahr ausreichte. Mit Kunstdünger konnten große, zusammenhängende Flächen effizient bestellt werden – und das war durchaus mit Pferden möglich. Tatsächlich wurde zum Beispiel in England zu Zeiten Königin Victorias deutlich mehr Fläche bewirtschaftet als heute.

Was die Landwirtschaft im Zeitalter der Pferde innerhalb eines Staatswesen bedeutete, müssen wir wohl nicht speziell erläutern. Aber wir müssen uns klarmachen, dass für eine gedeihliche Landwirtschaft gute Pferdezüchter gebraucht wurden.

Der Anfang von allem: Pferdebeurteilung

Sie haben sich diesem Kapitel etwas skeptisch genähert, ganz im Gedanken „Eigentlich nicht mein Thema – für die zwei- oder dreimal im Leben, wenn ich ein Pferd kaufe …“ Und außerdem ist Pferdebeurteilung doch etwas für die Superspezialisten, eine Art Geheimwissenschaft.

Mit beidem liegen Sie eher daneben. Man sollte ein Pferd nicht nur beim Kauf als Pferd beurteilen, sondern auch das eigene Pferd immer wieder „kritisch“ – also beurteilend – ansehen.

Beurteilung ist aber auch kein Hexenwerk – auch wenn es auf den ersten Blick so erscheinen mag. Und Sie brauchen weder 22 Jahre Praxis noch den Umgang mit 1008 Pferden, um an einem Vierbeiner etwas zu sehen. Dazu kommt, dass Pferdebeurteilung zu den wenigen Dingen gehört, die man – zumindest teilweise – theoretisch lernen kann. Pferdebeurteilung erfordert ein theoretisches Basiswissen, zum Beispiel über Anatomie und Physiologie.

Das haben auch schon die alten Pferdeleute gewusst – und mehr noch: Ihnen war obendrein klar, wie relevant das Thema ist. Dementsprechend hoch haben sie es gehängt.

Die erste vollständige Reitlehre, die auf uns überkommen ist, stammt vom griechischen Philosophen, Politiker und Reiteroberst Xenophon (ca. 430 v. Chr.–355 v. Chr.). Der Sokratesschüler Xenophon hatte aber einen Vorgänger, auf den er sich ein paarmal bezieht: Simon von Athen, von Xenophon als Pferdekenner und „Meister der Reitkunst“ apostrophiert. Sehr viel mehr wissen wir nicht über ihn und dummerweise ist von seiner Reitlehre auch nur das erste Kapitel überliefert. Das allerdings ist spannend. Es ist nämlich mit „Aussehen und Auswahl der Pferde“ überschrieben und es ist sehr ausführlich, was zeigt, wie wichtig Simon diesen Themenkomplex fand.

Darin ging er Hand in Hand mit seinem Nachfolger Xenophon. Dessen „Reitlehre“ umfasst ungefähr 30 Seiten – und gut ein Drittel davon befasst sich mit der Beurteilung des Pferdes.

Xenophon und das Fundament

Xenophon springt auch schon in den ersten Sätzen seiner Schrift mit beiden Füßen voraus ins Thema. Er schreibt: „Zunächst werde ich darlegen, wie man am wenigsten beim Pferdekauf betrogen werden

▾ *Bei der Pferdebeurteilung kommt es immer auch auf den Gesamteindruck an.*

➤ *Fohlen zu beurteilen,*
ist schwierig, weil sie
schnell wachsen und sich
verändern.

kann. Von einem ungezähmten Fohlen muss man selbstverständlich den Körper prüfen, denn für seine „Seele" (Charakter / Temperament) bietet das ungerittene Pferd nicht sehr sichere Kennzeichen."[1]

Bevor wir uns jetzt mit den Details amüsieren, kommt allerdings noch eine Frage auf: Für Simon und Xenophon war das Thema Pferdebeurteilung so wichtig, warum taucht es später bei den Klassikern, wie Guérinière, Baucher, dem Herzog von Newcastle, Müseler und Podhajsky, kaum noch auf? Die Antwort ist einfach: Der Bereich Pferdebeurteilung wurde immer ausführlicher und löste sich damit immer mehr von der Reiterei ab.

Man darf aber deswegen nicht denken, diese Reitmeister hätten sich nicht mit Pferdebeurteilung auseinandergesetzt. Man weiß zum Beispiel von Alois Podhajsky, der so ziemlich jede Rasse, welche die einstige Donaumonarchie zu bieten hatte, gerit-

ten und als Chef der Spanischen Hofreitschule immer wieder junge Hengste zu beurteilen hatte, dass er ausgesprochen gut darin war, Stärken und Schwächen „auf Sicht" zu erkennen und das Ausbildungsprogramm entsprechend auszurichten. Und darum geht es ja oft: Aus der Beurteilung entsteht das langfristige Ausbildungskonzept. Und wie mir einmal ein alter Gestüter sagte: „Es gibt kein perfektes Pferd. Aber dafür gibt es auch keines, das man nicht durch gute Reiterei verbessern und verschönern könnte."

Zahn um Zahn – Altersbestimmung

Ich habe eine gute Nachricht für Sie: Sie müssen das Zahnschema nicht auswendig lernen. Ich kann's auch nicht und bilde mir dennoch ein, eine gewisse Ahnung vom Pferd zu haben. Auf der basierend habe ich das Zahnschema nicht gelernt. Ich weiß nämlich, dass es gar nicht so einfach ist, die entsprechenden Zähne und Anzeichen darauf zu erkennen. Man braucht wohl die Erfahrung mit ein paar hundert Zähnen und jemanden, der es einem geduldig beibringt.

Altersbestimmung ist allerdings wichtig. Es macht nicht nur beim Pferdekauf einen Unterschied, ob ich es mit einem fünf- oder 15jährigen Tier zu tun haben, sondern auch bei der Ausbildung.

Aber gerade in dieser Altersklasse ist die Altersbestimmung „auf Sicht" fast unmöglich: Abnutzungsspuren sollte es da bei einem gesunden Pferd noch nicht sichtbar geben und die Bemuskelung ist weniger vom Alter als vom Trainingszustand abhängig.

Darum haben Pferdeleute seit ungefähr 2600 Jahren den Pferden zwecks Altersbestimmung ins Maul geschaut. Die ersten Aufzeichnungen dazu stammen übrigens aus China und sind ungefähr 600 v. Chr. entstanden.

Der Römer Marcus Terentius Varro (116–27 v. Chr.) wusste dann allerdings schon über die unterschiedliche Anzahl von Zähnen bei Stuten und Hengsten Bescheid und wies darauf hin, dass die Hengst-Hakenzähne im vierten Lebensjahr durchbrechen.

Das europäische Mittelalter war bezüglich Wissenschaft ein finsteres Zeitalter. Damals galt wirklich „ex oriente lux" – und zu den Lichtern aus dem Orient gehörte Abou Bekr Ibn Bedr, der schon im 14. Jahrhundert das Zahnsternchen und die Kundenspur („Kunden" nennt man die Einstülpung am Zahnschmelz an den Schneidezähnen eines Pferdes), bis dahin unbekannt, aber für die Zahnaltersbestimmung sehr wichtig, beschrieb. Allerdings wurde Abou Bekr Ibn Bedr erst 400 Jahre später ins Französische übersetzt – und zu der Zeit war man dann auch in Europa darauf gekommen, auf diese Kennzeichen zu achten.

Die Übersetzung von Abou Bekr Ibn Bedr fiel in die Zeit, in der überall in Europa veterinärmedizinische Lehranstalten entstanden. Als eine der wichtigsten profilierte sich die Militärtierarzneischule in Wien, in der Ignaz Josef Pessina sich im Auftrag von Kaiser Karl sehr intensiv mit Pferdezähnen befasste. 1810 veröffentlichte er dann das Werk „Über die Erkenntniß des Pferdealters aus den Zähnen".

◄ *Oben: Lassen Sie das zu beurteilende Pferd in Ruhe auf sich wirken. Unten: Der Blick auf die Zähne gibt Fachleuten Aufschluss über das Alter eines Pferdes.*

Keine Angst vor fiesen Tricks

Außer auf irischen Pferdemärkten und beim Handel mit Südamerikanern müssen Sie heute kaum noch befürchten, beim Pferdekauf mit manipulierten Zähnen hereingelegt zu werden.

Es spricht heute zu viel dagegen, zum Beispiel:

1. Deutsche Warmblüter bekommen Papiere und einen Nummernbrand, mit dem sie ziemlich eindeutig zu identifizieren sind. Selbst wenn man die Zähne manipulieren und die Papiere „passend" machen würde – spätestens wenn das Pferd als Turnier- oder Zuchtpferd eingetragen werden sollte, würde der Schwindel auffliegen, was dann nicht nur zu einer Anzeige wegen Betrugs, sondern auch wegen Urkundenfälschung führen würde.

2. Es gibt heute andere Methoden zur Altersbestimmung als auf die Zähne zu schauen. Eine davon basiert auf dem Wachstum der Knochenfugen – und da guckt ein Tierarzt bei einer tierärztlichen Ankaufsuntersuchung schon mal drauf.

3. Ist wohl der entscheidende Grund. Bei einem „preiswerten" Pferd wäre schlichtweg der Aufwand zu groß. Bei einem teuren Pferd kann man davon ausgehen, dass eine aufwändige Ankaufsuntersuchung stattfindet und dass bei dieser eine Manipulation auffallen würde.

Einige Jahre später – 1821 – lieferten zwei Professoren der École vétérinaire d'Alfort N.F. Girard und J. Girard in einer tiermedizinischen Zeitschrift eine Arbeit, die dann zusammen mit dem Buch Pessinas zur Grundlage der Zahnaltersbestimmung wurde. Seitdem wurde natürlich immer wieder an dem Thema gearbeitet und die Bestimmungkriterien wurden verfeinert, aber die Grundlagen haben sich nicht mehr verändert. [2]

Die Trickser – Pferdehändler und Rosstäuscher

Die Sache mit der Verfeinerung der Zahnaltersbestimmung hatte allerdings auch einen Haken: Die Pferdehändler konnten auch lesen – und die nicht seriösen unter ihnen lasen die entsprechenden Schriften vor allem im Hinblick darauf, wo sie beim Pferdekauf tricksen könnten.

Dem Einfallsreichtum und der kriminellen Energie der Rosstäuscher waren kaum Grenzen gesetzt. Da wurden Zähne gezogen, es wurde gefeilt und gefärbt – und mancher schien es fast als „Sport" zu betrachten, auch professionelle Pferdekäufer hereinzulegen. Da wurden dann schon mal Jungpferde auf die brutale Tour künstlich älter gemacht: Man riss ihnen die Milchzähne aus, damit die endgültigen Zähne schneller kamen.

Pferde „verjüngen" war allerdings aufwändiger. Eine dafür oft angewandte Methode war das „Glitschen". Dafür gab es übrigens auch im Englischen und Französischen jeweils einen Fachausdruck: „contre-marque" beziehungsweise „bishop".

Vom Huf an aufwärts

Die Herren Simon und Xenophon waren sich einig: Die Pferdebeurteilung beginnt beim Fundament. Und darin, sich die Hufe eines Pferdes ausführlich und kritisch anzuschauen, waren sie sich mit den meisten ihrer Nachfolger einig.

Xenophon schrieb dazu: „Auch am Klang seien Pferde mit guten Füßen kenntlich, sagt Simon, und das ist ein guter Hinweis. Wie ein Becken tönt nämlich der gewölbte Huf am Boden." Und ein Huf mit guter Wölbung – also ein tönender – war Xenophon wichtig, weil das Pferd, das einen solchen hat, nicht mit der ganzen Sohle auftritt und damit weniger in Gefahr ist, sich zu verletzen. Da war Xenophon allerdings nicht so sehr über den Hufmechanismus und darüber, wie Pferde auftreten, informiert. Aber auch später wurde noch mächtig über Hufe spekuliert. So meinte man im Mittelalter, dass helles Hufhorn weicher sei als dunkles und man daher bei einem Pferd mit hellen Hufen aufpassen müsse. Die Ansicht wird heute noch vertreten, ist aber veterinärmedizinisch nicht haltbar.

Spätere Hippologen, wie zum Beispiel der Tierarzt Dr. Michael Schäfer, wussten noch mehr über Hufe zu sagen, wobei Schäfer eine wichtige Aussage macht. Er führt aus, dass Hufe in hohem Maß vom Herkommen des Pferdes, also seinem ursprünglichen, natürlichen Lebensraum geprägt wurden. „Bei alten Gebirgsrassen", weiß Schäfer, „sind sie (die Hufe, A.d.A.) klein und hoch mit besonders elastischem, nachwachsendem Horn, während Pferde aus Marschgegenden mit stets weichem Boden zu flachen, weiteren Hufen mit größeren Tragflächen und langsam wachsendem Horn neigen."[3]

Schäfer weist aber auch darauf hin, dass die Anpassung an die Böden nicht in einer oder zwei Generationen vollzogen wird. Als Beispiel dafür nimmt er Haflinger des alten Wirtschaftstyps, die „trotz hundertjähriger Zucht in Gebirgsländern ziemlich weite und flache Tundrenpferdehufe als Erbe ihrer teilweise kaltblütigen Ahnen" haben.

Worauf man aber bei Hufen auf jeden Fall achten muss, sind mehr oder minder tiefe Rillen. Die können nämlich ein Hinweis auf vergangene Reheschübe sein.

Es geht aufwärts – am Bein

Nach dem Blick auf die Hufe ging es bei den Herren Simon und Xenophon nach oben, wobei Xenophon schrieb: „Es dürfen nun aber auch die oberhalb und unterhalb der Fesselköpfe liegenden Knochen nicht allzu steil sein wie die einer Ziege; denn da sie nicht federn, fügen die so beschaffenen Beine dem Reiter Stöße zu und entzünden sich leichter."

Vor dem zu steil gefesselten Pferd warnen auch spätere Autoren, wobei Michael Schäfer das Gegenteil, nämlich eine zu weiche Fessel, auch nicht

▼ *Moderne Haflinger sind meist sportliche, elegante Typen.*

Die Sache mit dem Reitergewicht

Der legendäre preußische Landstallmeister Siegfried Graf Lehndorff (1869-1956) war als schweigsamer, reservierter Herr bekannt. Dennoch vermute ich, dass er lauthals gelacht hätte, wenn er eine der „Wie viel Gewicht kann ein Pferd tragen"- Fragen im Internet gelesen hätte. Da finden sich nämlich immer wieder oberschlaue Schlankheitsfanatiker, die meinen, mehr als 80 Kilogramm dürfe man keinem Pferd, noch nicht einmal einem ausgewachsenen, trainierten Warmblut, auf den Rücken packen.

Graf Lehndorff hätte da vermutlich darauf verwiesen, dass die Trakehner zu seiner Zeit zierlicher waren als die, mit denen wir heute zu tun haben. Außerdem vermute ich, man hätte sich schwer getan, unter ihnen eines mit 20 Zentimeter Röhrbein und mehr zu finden. Im Gegenteil: Die alten Trakehner standen meist auf einem feinen Fundament.

Dennoch waren Trakehner die bevorzugten Pferde der preußischen Kavallerie – und da hatten sie unter dem Sattel bedeutend mehr zu leisten als unsere Freizeitpferde, die selbst bei großen Ausritten selten einmal länger als drei, vier Stunden unter dem Sattel sind. Bei Preußens dagegen dauerte eine Parade schon einmal fünf, sechs Stunden – und dazu kamen dann noch An- und Abmarsch. Und im Ernstfall Krieg sah sowieso keiner auf die Uhr.

„Aber die Leute damals waren kleiner und damit auch leichter!", hört man an der Stelle manchmal. Die Statistik widerlegt da ganz eindeutig.

Im 19. Jahrhundert waren Männer durchschnittlich schon 168 cm groß. Preußens Kavallerie nun – das waren die Elite-Regimenter, die sich ihre Soldaten aussuchen konnten. Dementsprechend kann man davon ausgehen, dass da wohlgenährte junge Männer ausgesucht wurden und vielleicht spielte da auch das preußische Faible für „lange" Kerle eine Rolle? Mit Uniform, Stiefeln und Helm dürften sie locker 75 Kilogramm auf die Waage gebracht haben. Aufs Pferd packten sie aber noch mehr: Den Sattel – und das war damals ein schwerer Pritschensattel – massive Bügel, Woilach, Wollmantel, Gewehr, Pistole, Schwert, sonstiges Gepäck. Als Relation: Das Sturmgepäck eines modernen Bundeswehrsoldaten wiegt zwischen 25 und 30 Kilogramm. Bei der Kavallerie dürfte es noch mehr gewesen sein – und damit sind wir bei über 100 Kilogramm, die die Pferde tagelang durch teilweise sehr unwegsames Gelände trugen.

Dabei wurden Kavalleriepferde durchschnittlich übrigens älter als unsere Freizeitpferde. Mögen Sie da immer noch darüber diskutieren, ob 80 Kilogramm die Obergrenze an Reitergewicht sein sollten?

---

goutiert: Die Fessel solle einen 45-Grad-Winkel zum Boden bilden und nicht zu lang sein. „Übermäßig lange Fessel, deren Gelenke bei Belastung durchtreten, also beinahe den Boden berühren ... sind der schnelleren Abnutzung wegen ebenso fehlerhaft wie zu steile Fesseln, die die Gelenke des Pferdes ständig stark erschüttern."

Schäfer geht dann auch auf den Umfang des Röhrbeins ein: „Der Röhrbeinumfang beträgt bei deutschen Warmblütern gewöhnlich 20 bis 22 cm, Kaltblüter können noch 3–4 cm mehr, Araber, Andalusier und südamerikanische Pasos sowie Erwachsenenreitponys 1–2 cm weniger aufweisen."

Den Röhrbeinumfang hat man früher sehr wichtig genommen, weil er das Hauptkriterium dafür war, wie viel Gewicht ein Pferd tragen kann. Es ist logisch: Je besser und stärker das Fundament, desto mehr kann man schadlos daraufstellen.

Allerdings weiß man mittlerweile, dass der Röhrbeinumfang nicht die letzte Aussagekraft hat. Worauf es wirklich ankommt, ist nämlich die Knochendichte. Die kann aber nur der Tierarzt in einer aufwändigen Untersuchung bestimmen. In den meisten Fällen ist das aber gar nicht nötig, weil man für die einzelnen Rassen schon Erfahrungswerte hat. So weiß man zum Beispiel, dass Kaltblüter als relativ frühreife Pferde meist nicht mit den besten Werten bezüglich Knochendichte aufwarten können. Mit der Ausnahme englisches Vollblut gilt: frühreif = keine hohe Knochendichte.

Demnach sind europäische Warmblüter eher durchschnittlich bestückt, während die spätreifen Iberer gute Werte aufweisen. Iberische Pferde und englische Vollblüter waren die Vorfahren des Quarter Horses und so sollte es nicht wundern, dass deren zierliche Beine Spitzenwerte in Sachen Knochendichte aufweisen.

Schenkel, Brust und Schulter

Bei den Griechen ging es weiter ums Fahrgestell. Simon betont, dass er alles unterhalb des Knies beziehungsweise des Ellbogens trocken und „nervig" haben wolle. Die Partien darüber aber sollten „fleischig und kräftig" sein.

Xenophon schaute dann auf die Brust: Breit soll sie sein, dann seien auch die Beine richtig. Xeno-

phon schreibt dazu: „Von der Brust jedoch soll der Hals des Pferdes nicht wie der eines Schweines nach vorn-abwärts gestreckt sein, sondern wie der eines Hahnes steil zum Scheitel kommen." Und Simon steuert etwas Wichtiges bei: „An den Kinnladen soll der Hals schmal, geschmeidig und nach hinten geschwungen sein." Spätere Reitmeister sprachen hier von der Ganaschenfreiheit, wozu Michael Schäfer erklärt: „Als Ganaschen bezeichnet man den Unter- und Hinterrand des Unterkiefers, der von kräftigen Kaumuskeln bedeckt ist und je nach Rasse und Typ verschieden weit nach hinten ausladen kann."

Bei edlen Pferden mit viel Blut ist die Ganaschenfreiheit selten ein Problem, aber bei Kaltblütern und Ponys – wie zum Beispiel den Isländern – hapert es manchmal daran. Was daraus resultiert, beschreibt Michael Schäfer: „Zwischen dem Unterkieferrand und dem massiven Hals hat dann hauptsächlich die wichtige Ohrspeicheldrüse nicht mehr genügend Platz und wird bei gewaltsamem Herannehmen des Kopfes durch den Reiter schmerzhaft

▼ Links: Seinen Vollblutvorfahren hat der Warmbluthengst seine langen Beine, die schräge Schulter und den klar gezeichneten Widerrist zu verdanken.
Rechts: Schauen Sie sich bei der Pferdebeurteilung immer auch den Kopf an – und achten Sie dabei vor allem auf die Ganaschen. Ist da genug Platz, um den Kopf zu beugen?

▲ *Eine breite, gut bemuskelte Brust; trockene Beine mit klar gezeichneten Gelenken; Schub aus der Hinterhand – so muss ein guter Warmblüter in Bewegung aussehen.*

gedrückt." Resultat: Pferde, denen es an Ganaschenfreiheit fehlt, tun sich mit der Anlehnung schwer. Daraus folgt dann, dass es auch noch zu Schwierigkeiten mit dem Rücken kommen kann.

Nicht jeder, der aus dem Rahmen fällt, war vorher im Bilde

Über den Rahmen ihrer Pferde haben sich weder die Griechen noch ihre Nachfolger in Renaissance und Barock Sorgen gemacht. Für sie war es noch kein Thema, weil sie es vorwiegend mit dem bei ihnen jeweils einheimischen Pferdetyp zu tun hatten und damit wenig unterschiedliche Modelle sahen.

Dazu kam, dass bis in die Anfänge des 20. Jahrhunderts die Kavallerie Hauptabnehmer und damit bestimmend im Reitpferdemarkt war. Die aber vertrat bezüglich Rahmen das Prinzip „quadratisch, praktisch, gut".

Tatsächlich hatte ein Pferd, das über dem Quadrat stand, also einen relativ kurzem Rücken hatte, aus der Sicht der Kavallerie nur Vorteile: Der kurze Rücken war sehr stabil und für den Reiter war es kein großes Problem, so einen „Quadrato" zusammenzuhalten und seine Hinterhand zu aktivieren. Dazu sind derart kompakte Pferde meist von Natur aus gut ausbalanciert und trittsicher. Außerdem spielte der preußische Ordnungssinn eine Rolle. Schließlich und endlich sieht es bei der Parade deutlich besser aus, ein paar Dutzend „kurze" Pferde aufzustellen, als ein paar Dutzend Langschiffe in Reih' und Glied zu bringen. Der Nachteil, dass so ein kurzer, strammer Rücken bedeutend weniger federt als ein langer und damit für den Reiter alles andere als angenehm ist, interessierte bei Preußens noch niemanden.

Tatsächlich: Während heute jeder Tierarzt ein mehrstrophiges Lied zum Thema „Rückenprobleme" singen kann, gab es die bei der Kavallerie nur selten. Nach dem zweiten Weltkrieg war dann allerdings klar, dass das Zeitalter der Kavallerie vorbei war. Die Reiterei musste sich neu erfinden, wofür in Deutschland unter anderem der geschmeidige Gustav Rau (1880–1954) zuständig war. Der ehemalige Journalist und Nazi-Offizier setzte auf die Bauern als Züchter und Reiter. Als Chef des neu gegründeten Verbandes für Zucht und Reiterei initiierte er die ländlichen Turniere. Rau dachte aber noch weiter – und so kann man sagen, dass er das europäische Sportpferd, wie wir es heute kennen, angestoßen hat.

Raus Ideal war das Langrechteckpferd mit großen, fördernden Gängen, sprich: Die repräsentative, hohe Knieaktion, wie man sie heute noch bei manchen Iberern sehen kann und wie sie früher zum Beispiel für Oldenburger typisch war, sollte flacheren, weniger aufwändigen Gängen weichen. Bei denen aber sollten die Pferde mehr Boden gutmachen.

Im Gesamtzusammenhang bietet Raus Ideal, das sich bei den europäischen Sportpferden weitgehend durchgesetzt hat, dem Reiter jede Menge Komfort: Der relativ lange Rücken schwingt (im Idealfall) und lässt den Reiter selbst dann, wenn das Ross im Mittel- oder gar im starken Trab unterwegs ist, gut sitzen. Ist der Vierbeiner dann auch noch geschmeidig und hat das „Gummi", von dem Reiter schwärmen, fühlen sich die großen Gänge auf ihm nicht nur großartig an, sondern sehen auch entsprechend aus. Die Pferde können dann wirklich die Hallenlichter austreten.

Der Haken ist allerdings, dass der lange Rücken gut geritten und gymnastiziert werden will. Die Langrechteckpferde tun sich mit der Balance und der Biegsamkeit schwerer als ihre kürzeren Kollegen, weswegen man in ihrer Grundausbildung gezielt auf solche Probleme eingehen muss. Auch später muss man auf die Langen und ihren Rücken

aufpassen. Bei ihnen ist das Risiko von Rückenerkrankungen höher, wobei das sogenannte „Kissing-Spine-Syndrome" das größte Problem ist. Es entsteht dann, wenn die Wirbelsäule des Pferdes sich eher nach unten als nach oben wölbt. Dann berühren sich nämlich die Dornfortsätze der einzelnen Wirbel, reiben aneinander und entwickeln mittelfristig eine Entzündung. Unbehandelt kann das dazu führen, dass die Dornfortsätze zusammenwachsen und die Übergänge verknöchern. Diese Prozesse sind mit Schmerzen für das Pferd verbunden und gehen natürlich auf Kosten der Geschmeidigkeit und Biegsamkeit. Zudem kommt es zu Verkrampfungen, Fehlhaltungen und falscher Bemuskelung.

Tierärzte können heute eine ganze Menge gegen das Kissing-Spine-Syndrome machen, aber die beste Behandlungsmethode ist immer noch die Prophylaxe. Es gilt, dem Pferd in der Grundausbildung das Vorwärts-Abwärts mit konstanter, leichter Anlehnung ans Gebiss und damit an die Reiter-

▼ Zur Pferdebeurteilung gehört auch die eindeutige Geschlechtszuordnung. Dieser Knabe sieht aus wie ein richtiger Kerl.

hand als bequemste Art der Bewegung beizubringen. Beim Vorwärts-Abwärts wird nämlich das große Nackenband angespannt, das vom Nacken bis zum Schweifansatz reicht. Dabei wirkt es auf die Wirbelsäule wie die tragenden Seile einer Hängebrücke: Die Brücke/Wirbelsäule hängt nicht mehr nach unten durch, sondern wölbt sich etwas auf. Beim Pferd passieren außerdem noch zwei wichtige Dinge:

1. Das Gewicht des Reiters lastet bei aufgewölbtem Rücken nicht mehr hauptsächlich auf der Wirbelsäule, sondern wird zu einem Teil vom großen Nackenband übernommen.
2. Die Dornfortsätze bewegen sich durch die Aufwölbung des Rückens voneinander weg und nicht aufeinander zu. Folglich ist ein reell vorwärts-abwärts gerittenes Pferd weitgehend vor dem Kissing-Spine-Syndrome sicher.

▼ Links: So sieht korrektes Vorwärts-Abwärts-Reiten mit aktiver Hinterhand aus. Rechts: Ein tiefer Blick ins Pferdeauge verrät einiges über den Charakter des Vierbeiners.

Schau mir in die Augen, Großer!

Natürlich sollte man ein Pferd nicht um eines hübschen Kopfes willen kaufen, aber ein Zusatzgewinn ist er sicher.

Die Herren Xenophon und Simon sahen es allerdings pragmatisch: „... weit geöffnete Nüstern sind zum Atmen besser geeignet als die zusammengefallenen", schrieb Xenophon. Simon unterdessen legt Wert darauf, dass die Nüstern gleich groß sind.

Dann geht es aber doch um Ästhetik: „... die beiden Augen groß, möglichst herausstehend und feurig anzusehen, die Ohren klein", schreibt Simon. Xenophon sekundiert: „Ferner machen ein größerer Scheitel und kleinere Ohren den Kopf pferdetypischer" – was in einer Zeit, in der jede Menge Mulis gezüchtet wurde, wichtig war.

▲ *Links: Ein Araber mit dem für seine Rasse typischen Hechtkopf Rechts: Das Gegenstück zum Hechtkopf ist die Ramsnase des Barockpferdes.*

Eine Debatte, die später wichtig wurde, hat die Griechen noch nicht bewegt: Hecht- oder Ramskopf? Den Hechtkopf sieht man sehr oft bei Arabern: Sie haben eine konkave Nasenlinie, wodurch sich so etwas wie eine „Stupsnase" ergibt. Der Ramskopf ist das Gegenteil: Konvexe Nasenlinie, typisch für alte Barockrassen wie zum Beispiel Lipizzaner, Kladruber und oft auch PREs. Außerdem gibt es etliche Kaltblutrassen – Shires, Clydesdales, aber auch Belgier – die oft ausgeprägte Ramsnasen aufweisen.

Bis zum 19. Jahrhundert wurde das Thema kaum erörtert. Dem allgemeinen Pferde-Schönheitsideal entsprachen vorwiegend die barocken Typen. Die hatten meist eine Ramsnase, aber daran war man eben gewöhnt und machte sich nichts daraus. Hechtkopf gehörte nun einmal zu den Orientalen und die fand man im Allgemeinen zu klein, zu mager, zu nervig.

Mitte des 19. Jahrhunderts änderte sich die Mode. Die feine Welt orientierte sich nicht mehr so sehr an Frankreich, sondern schielte über den Kanal nach England. Dort war Landleben angesagt

und dementsprechend wurden auch in Deutschland die streng formalen Barockgärten durch „natürliche" englische Parks ersetzt. Und man ritt auch nicht mehr abgezirkelte Figuren in der Reitschule, sondern genoss eine gewisse „Freiheit", indem man sich im Gelände tummelte. Auch die Reitjagd änderte sich. Man ging nicht mehr auf Tiere, die vorher in Gattern zusammengetrieben worden waren, sondern jagte hinter der Meute auf den Fuchs. Dadurch wurden die Jagden schneller und es wurde mehr gesprungen.

Hierfür brauchte man andere Pferde, wie man zum Beispiel der Korrespondenz der Kaiserin Elisabeth von Österreich (1837–1898) mit ihrem Ehemann Franz-Josef I. (1830–1916) entnehmen kann. Die begeisterte Jagdreiterin, bis dahin vorwiegend in Ungarn auf der Jagd, war zum ersten Mal in England und teilte darauf dem Gemahl mit: „Deine Pferde taugen alle nichts. Hier braucht man ganz anderes Material."[4] Man darf wohl annehmen, dass im kaiserlichen Stall vorwiegend einheimische Rassen, also Lipizzaner, Kladruber und ungarische Nonius – vertreten waren.

▲ Links: Eine späte Nachfolgerin der Kaiserin Elisabeth im Damensattel
Mitte: Ein typischer Kladruberhengst mit Ramskopf und spanischem Stecksattel
Rechts: Marbacher Araberstute mit Fohlen

Die Pferde, die die Kaiserin in England und später in Irland brauchte, bekam sie dann auch – und das waren natürlich Blüter. Man kann davon ausgehen, dass diese eher gerade Profile und Hechtköpfe als die Ramsnasen der in Österreich-Ungarn gezüchteten Rassen hatten.

In den Beurteilungsbüchern dieser Zeit kann man dann auch lesen, dass der Ramskopf das Zeichen des „unedlen Pferdes" sei. Dem Urteil wurde für lange Zeit Gültigkeit zugestanden und die Auswirkungen kann man noch heute in deutschen Reitställen sehen. Die meisten europäischen Warmblüter haben eine gerade beziehungsweise konkave Nasenlinie.

Der Wandel kam bei uns mit dem Trend zum Barockpferd. Während anfangs besonders die gefragt waren, die einen „hübschen" – sprich Hechtkopf oder zumindest einen mit gerader Nasenlinie – Kopf hatten, werden heute zunehmend auch konvexe Profile akzeptiert. Es war eine Frage der Gewöhnung – je mehr man sich wieder

an die barocken Formen gewöhnt hatte, desto toleranter wurde man auch gegen Ramsnasen.

Dabei bekamen die, die Ramsköpfe gar nicht so „unedel" fanden, auch durch Tierarzt und Pferdekenner Dr. Michael Schäfer Schützenhilfe. Der führte das Faible für Araber-Hechtköpfe darauf zurück, dass sie in das „Kindchenschema – gerundete Stirn, große Augen, kleine Ohren – passen. Darauf, das sympathisch zu finden, sind wir instinktiv programmiert."

Schäfer sieht aber durchaus Vorteile in der Ramsnase. Er beschreibt: „1958, bei meinem ersten, längeren Aufenthalt in Andalusien ... war ich ... wirklich geschockt, wie elend und zu Gerippen abgemagert die reinen Araberstuten auf dem Campo nach der sommerlichen Dürre ... ohne Beifutter aussahen. Ihre andalusischen Leidensgenossinnen mit ihren großen, kräftig geramsten Köpfen waren zwar ebenfalls nicht eben fett, wirkten jedoch zumindest noch einigermaßen wohlgenährt." Schäfer führt das darauf zurück, dass die ramsnasigen

Spanierinnen größere Gebisse hatten und damit unter den schlechten Umständen noch mehr Futter abbekamen und verwerten konnten.

Schäfer wusste auch, dass unter den Beduinen der extreme Hechtkopf gar nicht sonderlich beliebt ist. Beim Muniqui-Stamm, unter Beduinen als die widerstandsfähigsten und schnellsten Araber bekannt, gibt es sogar Exemplare mit ausgeprägter Ramsnase. Angeblich bekommen diese mehr Luft – eine These, die auch durch die Tatsache unterstützt wird, dass es unter Achal-Tekkinern und englischen Vollblütern ebenfalls eine ganze Menge ramsköpfiger Pferde gibt. Allerdings soll nicht verschwiegen werden, dass Schäfer beim Araberkopf auch einen Vorteil sah: Zum Hechtkopf gehören fast immer eine zierlich lange Maulspalte und ein langes Diastema (die zahnlose Lücke zwischen Schneide- und Mahlzähnen, in denen das Gebiss liegt). Da ist viel Raum für ein oder, wie im Fall der modernen Sportkandare, sogar zwei Gebisse.

Ein gutes Pferd hat keine Farbe?

In jungen Jahren war ich öfter mal rothaarig und so kam ich eines Tages im Gestüt mit unserem temperamentvollen, aber lieben Fuchshengst in die Deckbox, wo ein schwäbischer Züchter mit seiner Stute wartete und mich grinsend mit dem Spruch: „Oh, gleich zwei Rote! Dabei sind die doch g'fährlich!" begrüßte.

Damals habe ich wahrscheinlich dabei noch gedacht: „Pff – was sagt denn Farbe über ein Pferd aus?"

Inzwischen bin ich gescheiter geworden und gestehe heute zu, dass man mit den „Roten" – also Füchsen – tatsächlich etwas bedenken sollte: So wie rothaarige Menschen meist feine Haut haben, geht's auch den Pferden. Und darum kommt es nicht selten vor, dass Füchse tatsächlich „sensibler" auf Berührungen reagieren als andere Pferde. Das kann positiv sein, wenn sie einen feinfühligen Reiter haben, der es mag, wenn sein Pferd „elektrisch" am Schenkel ist, es kann aber zum Beispiel auch für einen Anfänger, der sich hin und wieder mal „verfummelt", nervig werden. Insofern ist die Fuchsfarbe beim Pferdekauf vielleicht doch ein Kriterium. Und auch bei Schimmeln gibt es einen Punkt zu bedenken: Sie sind anfälliger für Krebs als andere Pferde. Allerdings treten bei ihnen die Melanome erst in höherem Alter auf.

Bleiben noch die Rappen und die Schwarzbraunen – auf die muss man im Sommer ein wenig aufpassen, denn sie sind natürlich hitzeempfindlicher als zum Beispiel ein Schimmel. Das dürfte auch der Grund sein, warum unter den Arabern so viele Schimmel sind. In der gleißenden Sonne der Wüste ist die weiße Farbe ein Vorteil.

Zucht ist Selektion

Am Anfang war das Rad? – Pustekuchen! Die Ansicht, dass die Erfindung des Rads zur Domestizierung des Pferdes geführt habe, findet sich in sehr vielen, alten Pferdebüchern. Davon wird sie aber nicht wahr. Sie beruht nur darauf, dass man es bis ungefähr 1980 nicht besser wusste. Dann aber gruben der Amerikaner David Anthony und der Ukrainer Dimitri Telegin in Derijiwka am Dnepr (ungefähr 250 Kilometer südwestlich von Kiew) die Siedlung einer Bauernkultur aus, die dort um 3600–3000 v. Chr. gelebt hatte. Die Menschen dieser Botai-Kultur hatten Pferde gehalten und sie waren, wie eine aufgefundene Kultstätte bewies, Teil ihrer Religion gewesen.[5]

Diese Erkenntnis wäre noch keine Sensation gewesen. Dass Pferde in diversen frühen Kulturen eine Rolle spielten, hatten ja schon Höhlenzeichnungen und Überlieferungen gezeigt. Auch die Pferdehaltung an und für sich wäre keine überwältigende Erkenntnis gewesen, obwohl die Menschen am Dnepr vor der Erfindung des Rades gelebt hatten.

Zur wissenschaftlichen Sensation wurde dann aber die Untersuchung der gefundenen Pferdeschädel. An ihren Kiefern und Zähnen zeigten sich Abnutzungsspuren, die sich nur durch eines erklären ließen: Diese Pferde hatten Gebisse getragen. Also konnte man davon ausgehen, dass diese Pferde geritten worden waren.

Weitere Zeugnisse dieser Kultur lassen Raum für die Vermutung, dass die Bauern am Dnepr Pferde domestiziert hatten – und sie züchteten.

An der Stelle lohnt es sich, einmal tief Luft zu holen und dieses Wissen auf sich wirken zu lassen: Pferdezucht gibt es demnach seit 5000 Jahren. Seit 5000 Jahren besteht also diese sehr spezielle Beziehung zwischen Mensch und Pferd und ich vermute, dass schon in den Anfängen der Zucht zumindest auf ein Kriterium hin selektiert wurde: Menschenfreundlichkeit. Dabei mag es durchaus sein, dass den Pferdezüchtern damals die Auswahl darauf hin gar nicht bewusst war. Sie ergab sich aber: Mit einer Stute, die dauernd abhaut und sich aggressiv gegenüber Menschen zeigt, ist schwer umzugehen und folglich auch schwer zu züchten. Und ebenso werden wohl schon die Bauern vor 5000 Jahren nicht wild darauf gewesen sein, ihre Stuten gerade vom wildesten, unzugänglichsten Hengst belegen zu lassen. Sie werden vermutlich ihre Pferde schon damals in abgegrenzten Gehegen gehalten haben – wenn nicht sogar schon, um des Schutzes vor Fressfeinden willen, im Stall. Somit fielen Pferde mit einem hohen Freiheitsdrang von Anfang an aus.

Man kann davon ausgehen, dass es nicht allzu lange gedauert hat, bis die Pferdezüchter darauf gekommen sind, dass Pferde sowohl in ihrem Exterieur als auch im Charakter von Vererbung geprägt werden. Von da an ist es nur noch ein kleiner Schritt zur gezielten Selektion – und nichts anderes ist Zucht ja. Wer sie seriös betreibt – und das gilt sicher nicht nur für unsere Zeit, sondern auch schon ein paar Jahrhunderte davor –, dem geht es nicht nur um Vermehrung, sondern immer auch um Verbesserung.

Bei den Griechen und später auch den Römern war zumindest die Reit- und Sportpferdezucht fest in den Händen der Oberschicht. Zum römischen Edelmann gehörte fast immer ein Landgut und obwohl die Herren keine großen Reiter waren –

Fahrpferde für Wagenrennen waren ihnen sehr wichtig und wurden teuer bezahlt. Da waren nämlich nicht nur die roten, blauen, grünen und weißen Teams, die in Rom ein wichtiger Teil des „panes et circenses" (Brot und Spiele) -konzepts waren, sondern es gab in fast jeder größeren, römischen Stadt eine Rennbahn.

Gaius Julius Cäsars (100 v. Chr.–44 v. Chr.) Faible für Dokumentation haben wir es zu verdanken, dass wir einiges über die Pferdezucht in Rom wissen – und darüber, dass sie damals schon eine ziemlich internationale Veranstaltung war. In Cäsars „De bello gallico", dem Alptraum von Generationen von Lateinschülern, finden sich mehrere Ausführungen darüber. So lernen wir zum Beispiel, dass die Kavallerie in Cäsars Armee vorwiegend aus germanischen Hilfstruppen bestand, die mit Pferden aus ihrer Heimat beritten waren. Ihre Verbindung zum restlichen Heer bestand üblicherweise aus ihren römischen Kommandeuren, meist jungen Aristokraten, die sich bei der Armee ihre Startlöcher für eine politische Karriere gruben. Ich denke, es ist nicht zu verwegen, anzunehmen, dass einige der jungen Herren sich germanische Pferde anlachten, die später nach Rom mitnahmen und dort in ihren Gestüten einsetzten.

Zudem erfahren wir aus Cäsars Aufzeichnungen, dass er Camargue-Pferde sehr schätzte. Er sorgte nicht nur dafür, dass im Rhone-Delta verstärkt gezüchtet wurde, sondern requirierte jede Menge Schimmel für sein Heer. Auch hier kann man davon ausgehen, dass nicht wenige von ihnen als Blutauffrischung in der römischen Zucht landeten. Dort trafen sie dann nicht nur auf germanische Pferde, sondern auch auf Sorraias, denn die Römer waren auch am Tejo im heutigen Portugal gewesen und hatten dort alles an Vierbeinern mitgenommen, was ihnen ins Auge gestochen hatte. Und schließlich gab es in der römischen Zucht auch noch den einen oder anderen Orientalen, denn schließlich unterhielt man Handelsbeziehungen nach Mauretanien und Ägypten. Englische Ponys dürften die lange Reise auch geschafft haben und mit ihnen könnte auch der eine oder andere

▼ Aus edelstem Blut: Hinter den Araberstuten des Hauptgestüts Marbach stehen hunderte von Jahren Selektion.

▲ Auf den Koppeln des Haupt- und Landgestüts Marbach tobten schon im 16. Jahrhundert Pferde.

vierbeinige Friese eingewandert sein. Es ist nämlich durch Grabungen belegt, dass am Bau des Hadrianwalls friesische Zimmerleute und ihre Pferde beteiligt waren. Sie sehen: Pferdezucht war schon immer eine internationale Affäre.

Das Zeitalter der Aufklärung und die Landgestüte

► Die Araber waren wahrscheinlich die erste Rasse, bei der Reinzucht betrieben wurde.

►► Ein Landgestüt versorgt die Landeszucht mit zugekauften Hengsten. Ein Hauptgestüt wie Marbach a.d. Lauter betreibt Zucht und Aufzucht.

Die Renaissance verwandelte das Weltbild der Europäer und ihre Lebensumstände. Um 1500 herum entdeckte Columbus Amerika, Gutenberg entwickelte die Buchdruckerkunst, Luther leitete die Reformation ein, der Humanismus stellte die alte Ordnung in Frage. Und 1514 standen die Bauern im Herzogtum Württemberg auf. Ihr „der arme Konrad" genannter Aufstand scheiterte zwar, zeigte aber, dass die Menschen nicht mehr bereit waren, Unterdrückung einfach hinzunehmen.

Aus der Zeit des Aufstands ist das Verhörprotokoll eines herzoglichen Knechts erhalten, der verwickelt gewesen sein sollte. Er aber verteidigte sich

mit der Aussage, dass er zur fraglichen Zeit auf dem Weg zum „Gestüt seines Herren in Marbach an der Lauter" gewesen sei.

Das war die erste urkundliche Erwähnung des heutigen Haupt- und Landgestütes, das damit zu den ältesten in Deutschland gehört. Und offenkundig war das Gestüt den Herzögen von Württemberg wichtig. So sind zum Beispiel Rechnungsbücher überliefert, die belegen, dass unter Herzog Ludwig (1554–1593) eine nicht zu kleine Summe für den Ankauf von andalusischen und neapolitanischen Hengsten ausgegeben wurde.

Die waren damals sehr in Mode. Jedes Gestüt, das etwas auf sich hielt, hatte mindestens einen Neapolitaner in einer Beschälerbox. Man kann sich heute kaum vorstellen, wie Pferde damals quer durch Europa – und oft auch noch darüber hinaus! – transportiert wurden, aber es geschah dauernd: Neapolitaner-Hengste wurden bis nach England und Schweden verkauft, iberische Pferde zählten zu den ersten europäischen Einwanderern in der neuen Welt und Orientalen landeten in europäischen Gestüten. Dabei konnte die Reise selbst als Härteprüfung gesehen werden.

Gleichzeitig bedeutete das Zeitalter der Auf-
klärung aber auch, dass die Pferdezucht eine theo-
retisch-akademische Basis bekam. Bis dahin hatte
man auf Erfahrungswerte und mündlich weiter-
gegebenes Wissen gesetzt, wobei allerdings die
Araber schon auf den Stammbaum ihrer Pferde
Wert legten. Es ging sogar die Legende um, dass
ihnen das Pedigree und die Reinhaltung des Blutes
so wichtig sei, dass sie bei einem Pferdediebstahl
den Stammbaum des geklauten Tieres an den Dieb
weitergaben.

In Europa hatte man es nie so weit getrieben,
aber mit der Einrichtung der Landgestüte begann
der Papierkrieg ums Pferd. Da waren plötzlich Lis-
ten über den Bestand erforderlich – und daraus
entwickelten sich dann die Stutbücher. Gleichzeitig
entstanden die ersten tierärztlichen und landwirtschaftlichen Hochschulen. Die Zucht bekam eine
neue Basis, die Landstallmeister waren nun nicht
mehr höfische Reitlehrer, sondern leiteten die
Landgestüte.

Für die bäuerlichen Züchter waren diese Veränderungen allerdings ein zweischneidiges Schwert.
Auf der einen Seite profitierten sie natürlich davon,
dass die Landgestüte gute Hengste zur Verfügung
stellten. Bis dahin hatte man genommen, was in
der Nähe zu kriegen war. Ein Neapolitaner – damals
ein Starhengst mit echtem Verbesserungspotenzial
– wäre für einen „normalen" Stutenhalter nicht zu
haben gewesen. Die Landgestüte mit ihren über die
ganze Region verteilten Deckplatten machten es
möglich.

Diesen Vorteilen stand aber der Nachteil entgegen, dass die Obrigkeit nun verstärkt Einfluss
zu nehmen versuchte. Nicht wenige Landesherren
bildeten sich ein, in Sachen Pferde besser
Bescheid zu wissen, was eben nicht immer hin-
haute.

So kam zum Beispiel ein badischer Landesherr
auf die Idee, den Bauern im Schwarzwald größere
Hengste zu verordnen. Er ließ die entsprechenden
Vierbeiner in die Gegend verfrachten und verbot es

➤ *Gesunde Fohlen müssen in einer Herde mit gleichaltrigen Spielkameraden aufwachsen.*

den Bauern bei Strafe, ihre eigenen Hengste einzusetzen. Doch die Schwarzwälder Bauern wussten, dass die dicken Brummer, die man ihnen verordnet hatte, schwerfutterig waren und sich auf den steilen Bergwiesen und durch die langen Winter hindurch schwer tun würden. Sie setzten darauf, dass ihre Höfe größtenteils schwer zugänglich waren. Ihre Devise hieß folglich „Was der Fürst nicht weiß, macht den Fürsten nicht heiß". Sie blieben ihren Schwarzwälder Hengsten treu und züchteten weiter rasserein.

Den englischen Ponyzüchtern, denen Königin Victorias Prinzgemahl Albert orientalische Hengste verpasste, gelang diese „Umgehungspolitik" so wenig wie den Spaniern, bei denen eine Königin mit Abneigung gegen Ramsköpfe die Einzucht von Arabern befahl. Die Problematik war nur, dass die erste Generation bei einer solchen Kreuzung meist sehr gut ausfällt, es ab der zweiten Generation aber schwierig wird. Da streuen die verschiedenen Erbanlagen.

Geschichte einer Legende: Trakehnen

Den Preußen ging es besser als anderen Pferdezüchtern. Ihre Könige vertrauten den Fachleuten, die sie als Leiter ihrer Gestüte einsetzten. In besten Zeiten gab es davon drei, nämlich in Neustadt an der Dosse, in Graditz und in Trakehnen. Die Herren hatten weitgehend freie Hand, wobei ihre Gestüte sehr gut gediehen. Trakehnen wurde dabei sogar eines der weltweit größten und renommiertesten Gestüte, weswegen man seine Geschichte als exemplarisch für die Entwicklung der Pferdezucht in Deutschland ansehen kann.

Die Ursprünge der Kultivierung und damit auch der Pferdezucht in Ostpreußen gehen auf den deutschen Ritterorden zurück. Der kam gegen 1500 nach Ostpreußen und fand dort zottelige, kleine Mausfalben mit Aalstrich und Zebramuster an den Beinen vor. Aber diese dem Urpferd noch sehr nahen Wildpferde waren wendig, ausdauernd, leichtfutterig, fruchtbar und stark. Sie bildeten die

Basis für die Zucht der Deutschordensritter, wobei es denen vorwiegend auf Verstärkung ankam – und das nicht nur, weil die Herren Ritter mit ihren Rüstungen Pferde brauchten, die schwer tragen konnten, sondern auch, weil größere Pferde für die Landwirtschaft wichtig waren.

Um 1700 waren die Deutschritter dann schon lange wieder aus Ostpreußen abgezogen und die Pferdezucht dümpelte so dahin. Im 18. Jahrhundert kam es noch dicker: Eine Pestepidemie entvölkerte Ostpreußen, Dörfer zerfielen, die Natur eroberte die einst so mühsam urbar gemachten Flächen zurück.

Doch dann kam Friedrich Wilhelm I. (1713–1740) auf den preußischen Thron. Der später „Soldatenkönig" genannte Fürst begriff, dass sein Land zum Gedeih vor allem Menschen brauchte. Als überzeugter Calvinist schaute er sich unter verfolgten Glaubensgenossen um und lud Protestanten aus Salzburg und Hugenotten aus Frankreich und den Niederlanden nach Preußen ein. Sie bekamen Unterstützung und Land in Ostpreußen. Die Region wurde wieder besiedelt und erneut, ja sogar in größerem Rahmen urbar gemacht.

1732 gründete Friedrich Wilhelm I. dann auf einem circa 3500 Hektar großen Gebiet nördlich der Rominter Heide das Hauptgestüt Trakehnen. Dazu wurden rund 1100 Pferde, darunter 500 Mutterstuten, zusammengezogen. Die allerdings waren eine bunte Mischung: Neben den Nachkommen der Pferde der Deutschordensritter, die in der bäuerlichen Zucht gelandet waren, standen in dieser ersten Trakehner Stutenherde auch Neapolitaner-, Dänen-, Andalusier-, Araber- und Berberstuten, kurz alles, was durch Feldzüge, Zuwanderung und Import nach Preußen gekommen war. [6]

Mit einer derart durchmischten Herde ist schwer zu züchten, und so war es kein Wunder, dass Trakehnen noch tief in den roten Zahlen steckte, als Friedrich Wilhelm I. es 1739 seinem Kronprinzen verehrte. Der nachmalige Friedrich I. hatte aber mehr mit Windspielen am Dreispitz als mit einhei-

mischen Pferden. Sein später so berühmter Schimmel „Conde" soll ein Neapolitaner oder Orientale gewesen sein und an Trakehnen interessierte ihn nur, wie er dort möglichst viel Geld abziehen konnte. Deswegen schickte er den sehr fähigen Kam-

Hauptgestüt Trakehnen O.-Pr.   Schloß

Hauptgestüt Trakehnen O.Pr.   Gemischte Herde auf der Weide

Hauptgestüt Trakehnen O.Pr.   Hauptbeschälerstall

◄ Oben: Landstallmeisterhaus in Trakehnen
Mitte: Trakehnens gemischtfarbige Stutenherde
Unten: Der große Hauptbeschälerstall in Trakehnen

Vom Mütterchen die Frohnatur – Vererbung ist nicht gleichmäßig

Haben Sie sich schon einmal das Boxenschild eines englischen Vollblüters oder eines Trakehners genau angeschaut? Ist Ihnen dabei aufgefallen, dass es bei diesen Rassen mit den Namen irgendwie anders geht wie bei unseren deutschen Warmblütern? Die tragen üblicherweise in ihrem Namen den Anfangsbuchstaben ihres Vaters. Bei Trakehnern und englischen Vollblütern ist das anders. Da gab es zum Beispiel den berühmten Vollblüter Der Löwe xx. Sein Vater war der Hengst Wahnfried xx, seine Mutter die Lehnsherrin xx (wobei das „xx" für den englischen Vollblüter steht, während „ox" einen reingezogenen Araber auszeichnet). Und bei den Trakehnern fällt mir Totilas' Vater Gribaldi ein, ein Sohn des Kostolany aus der Gondola von Ibikus. Merken Sie was? Genau: Die Blüter und die Trakehner nennen ihre Pferde nach den Müttern.

Dahinter steckt das uralte Wissen, dass in der Zucht die Mütter fast wichtiger sind als die Väter. Früher hat man das so erklärt, dass die Fohlen ja mit den Müttern aufwachsen und von ihnen geprägt werden – weswegen in Trakehnen bekanntlich nicht nur die Hengste einer Leistungsprüfung unterzogen wurden, sondern auch die Stuten.

Inzwischen kann man das Phänomen, dass die Mütter so oft mehr durchschlagen, sogar wissenschaftlich erklären: Während der Vater die „puren" Gene weitergibt, bekommen die Fohlen von den Stuten obendrauf die Mitochondrien. Das sind die „Kraftwerke" der Zellen, die für den Energieumsatz im Körper sorgen.

Dass man in der Pferdezucht dennoch meist mehr Wind um die Hengste macht, liegt einfach daran, dass sie mehr Fohlen zeugen können, als eine Stute in ihrer Lebenszeit gebären kann. Selbst sehr gute Zuchtstuten bringen es selten auf mehr als ein Dutzend Fohlen, während ein gut frequentierter Hengst mühelos 200 oder sogar mehr Nachkommen in einem Zuchtjahr zeugen kann.

merdirektor von Domhardt als Gestütsleiter gen Osten. Der schlug seinem inzwischen zum König gekrönten Herrn die Einrichtung eines Landgestütes vor.

Der König lehnte aber ab. Domhardt pfiff darauf. 1779 stellte er in Trakehnen 11 Landbeschäler ein, die den Bauern in der Umgebung für ihre Stuten zur Verfügung standen. Die Bauern waren begeistert, ihre Stuten mochten die Bräutigame aus Trakehnen offenkundig auch und der König sah ein, dass mit den derart entstandenen Fohlen Staat zu machen und Geld zu verdienen war. So wurde schließlich mit seinem Einverständnis der Landbeschäler-Bestand auf 20 Hengste erhöht.

Die Einführung der Landbeschäler war einer der entscheidenden Schritte nicht nur in der ostpreußischen, sondern in der gesamtdeutschen Pferdezucht. Ohne sie wäre der Qualitätsstandard, der deutsche Pferde weit über die Grenzen hinaus berühmt und begehrt machte und die auch heute noch führende Position in der internationalen Sportpferdezucht nicht erreichbar gewesen. Dass in Frankreich in Sachen Pferdezucht auch große Erfolge erzielt werden, ist wohl auch dadurch zu erklären, dass die Franzosen das Konzept mit den Landbeschälern und Hengstdepots übernommen haben und bis heute praktizieren.

Trakehnen im Staatsbesitz

Nach dem Tod des „alten Fritz" ergab sich für Trakehnen ein grundlegender Wandel: Das Gestüt ging 1786 vom Privatbesitz des Monarchen in den Besitz des Staates über. Dennoch hatte der König das Sagen und das erwies sich beim zweiten Friedrich Wilhelm (1744–1797) als segensreich für das Gestüt. Der König, von seinen spottlustigen Berlinern um seines Privatlebens willen „der dicke Lüderjan" genannt, mochte Pferde und verstand etwas davon. Er setzte 1786 den Grafen Karl Lindenau als Oberlandstallmeister in Trakehnen ein.

Lindenau stürzte sich in die Arbeit. Er richtete erst einmal vier neue Landgestüte – Insterburg, Oletzko, Ragnit und Marienwerder – ein und ging dann einkaufen. Schließlich musste er die neuen Hengstdepots ja bestücken und so wurden 269 neue Beschäler eingekauft.

Gleichzeitig bewies sich Lindemann als Anhänger des „Zucht ist Selektion"-Konzeptes. Er führte eine Generalmusterung des Gestütbestandes durch und sortierte dabei aus: 25 von 38 Hauptbeschälern und 144 von 356 Stuten bekamen ihre Kündigung und wurden verkauft.

Als nächstes „erfand" Lindenau dann das Markenzeichen Trakehnens: Ab 1787 bekamen alle im Hauptgestüt geborenen Pferde den Brand mit einer einfachen, siebenzackigen Elchschaufel auf die Hinterbacke. Lindemann war es dann auch, der die Vorwerke zur Mutterstutenhaltung aufbaute und die Damen in fünf Herden aufteilte: Rappen, Braune, Füchse und zwei gemischtfarbige.

Unter König Friedrich Wilhelm III. (1770–1840) wurde Friedrich-Wilhelm von Burgsdorff Landstallmeister in Trakehnen. Er war ein Schüler von Lindenau, aber er hatte keine Chance, sich auf den Lorbeeren des Vorgängers auszuruhen. In die Suppe hatte ihm Napoleon gespuckt, der bei seinen diversen Kriegen auch durch Trakehnen gezogen war. Napoleons Offiziere und Soldaten hatten Preußens Hauptgestüt als eine Art „Selbstbedienungsladen" gesehen und kurzerhand alles mitgenommen, was ihnen gefallen hatte.

Also musste Burgsdorff erst einmal wieder einkaufen gehen, wobei er vorwiegend in England und im Orient unterwegs war. Er beschränkte sich allerdings nicht auf Hengste, sondern ordnete auch

Hauptgestüt Trakehnen O.Pr.   Alter Hof und Fuchsstuten

einige Vollblutstuten in die Trakehnerherden ein. Um 1815 herum hatte das Gestüt dann einen Gesamtbestand von ungefähr 1000 Pferden, darunter 300 Mutterstuten und 16 Hauptbeschäler. Damit war Trakehnen das größte Hauptgestüt im damaligen Europa. Und es war das erste Gestüt, in dem auf Reinzucht gesetzt wurde.

Sie heben den Finger, weil Sie entweder an die oft beschworenen 1000 Jahre Reinzucht in Island oder an den Stolz der Araber auf ihre „sauberen" Stammbäume denken? Tut mir leid, aber Frachtpapiere belegen, dass in Island während der 1000 Jahre immer wieder spanische Pferde eingeführt wurden. Und was die Araber angeht, kann man wohl davon ausgehen, dass ihre Stuten schon mal mit einem spanischen Hengst oder einem Berber fraternisiert haben.

Burgsdorffs Reinzucht-Regel für Trakehner kannte allerdings zwei Ausnahmen – und die gelten bis heute: Zur Blutauffrischung dürfen bei den

▲ Die Trakehner Fuchsstuten bei der abendlichen Heimkehr von der Koppel

◄ Trakehnens „alter Hof", die Heimat der Fuchsstuten

Trakehnern englische und arabische Vollblüter eingesetzt werden.

Burgsdorffs Nachfolger wurde Alexander von Schwichow (Amtszeit 1847–1864). Er führte keine grundlegenden Veränderungen ein – und das war auch gut so, denn neben der Selektion ist Geduld ein anderes Geheimnis erfolgreicher Pferdezüchter.

Schwichow bewies sie bei der Konsolidierung des Mutterstutenbestandes und der Festlegung des Rassestandards – und das, was Schwichow damals festgelegt hat, findet sich heute noch in der Definition des Zuchtziels.

Schwichow war aber noch für etwas Grundlegendes verantwortlich, was einer seiner Nachfolger, Dr. Eberhard von Velsen-Zerweck, Zuchtleiter des Trakehner-Verbandes, 1981 wie folgt beschrieb: „Bemerkenswert ist, dass der Landstallmeister seine Erfolge unter anderem auf eine intensive Pflege der Weiden zurückführen konnte. Er veranlasste auch eine kräftigere, reichhaltigere Fütterung als bis dahin üblich in der Erkenntnis, dass die Umwelteinflüsse, die für die Entwicklung edler

Pferde so wichtig sind, möglichst optimal gestaltet werden müssen."

Schwichows Nachfolger Gust Adolph von Dassel lieferte einen Flop. Nachdem seine Vorgänger vorwiegend auf Blüter gesetzt hatten, musste von Dassel wieder verstärken und setzte dafür auf Fremdblut. Er kaufte drei Anglo-Normannen und einen Hannoveraner-Hengst – und blieb auf seinem Angebot sitzen. Seine Züchter waren nämlich inzwischen so von ihren Pferden und dem Reinzucht-Konzept überzeugt, dass sie die zugekauften Hengste nicht einsetzten. Von Dassel musste auf den langsamen, aber sichereren Weg der Verstärkung ohne Fremdeinfluss einschwenken. Er wählte große, kräftige Hengste aus der eigenen Zucht aus und sortierte zu klein geratene Stuten aus.

1895 kam Burchard von Oettingen als Landstallmeister nach Trakehnen. Er schien zu ahnen, dass in der Zukunft verstärkt schnelle, wendige und ausdauernde Kavalleriepferde gebraucht werden würden, weswegen er nun wieder auf Vollblüter setzte. Dabei landete er einen ganz besonderen Treffer:

1903 kaufte er in England für die nicht eben kleine Summe von 20.000 Goldmark den Vollblüter Perfectionist xx. Er hat dann nur drei Jahre in Trakehnen gedeckt, aber er war sein Geld dennoch wert. Er zeugte unter anderem die Trakehner-Legende Tempelhüter.

Natürliche Aufzucht und Leistungsprüfung für alle

Landstallmeister von Oettingen hatte ein ganz klares Konzept: die Aufzucht so natürlich wie möglich und Selektion durch Leistungsprüfung. Für Ersteres ließ von Oettingen die großräumigen Wiesenflächen des Gestüts einzäunen, sodass sie als Koppeln genutzt werden konnten. Auf denen waren die Herden dann mit berittenen Hirten unterwegs und genossen größtmögliche Freiheit.

Allerdings kam auf die jungen Trakehner – ob männlich oder weiblich – dreijährig der Ernst des Lebens zu. Sie kamen unter den Sattel und mussten dann bei den berühmten Trakehner Jagden Konstitution, Springvermögen, Ausdauer, Mut und Leistungsbereitschaft unter Beweis stellen. Dabei hatte man ein Auge auf sie – die Jagden wurden nämlich nicht zum Vergnügen der Reiter abgehalten, sondern waren Leistungsprüfung für die Youngsters. Danach wurde sortiert: Die Besten blieben im Gestüt, die anderen – wobei die im Vergleich zu dem, was sonst auf dem freien Markt angeboten wurde, immer noch eine Klasse für sich waren – gingen über die berühmte Trakehner Auktion in alle Welt.

Nicht in Trakehnen, sondern im preußischen Innenministerium in Berlin wurde dann Ende des 19. Jahrhunderts ein Gesetz entwickelt, das einen großen Einfluss auf die deutsche Pferdezucht hatte: das Körgesetz. Es schrieb vor, dass ein potenzieller Deckhengst vor Ablauf seines vierten Lebensjahres einer Kommission von Fachleuten – darunter üblicherweise auch die Landstallmeister – vorgestellt und von ihnen anerkannt werden sollte. Diesen Vorgang nannte man „Körung". Im Gesetz hieß es dann weiter: „Wer ein nicht gekörtes Vatertier zur Zucht einsetzt, wird mit Geldstrafe nicht unter xx bestraft." Die entsprechende Summe wurde im Lauf der Jahrzehnte – das Gesetz war nämlich in

▼ Links: Die Tempelhüterstatue auf dem Rasen vor dem Trakehner Landstallmeisterhaus
Rechts: Die gemischtfarbige Stutenherde kommt von der Koppel

▲ *Die gemischtfarbigen*
Damen auf der Koppel

programm, indem er auf dem Vorwerk Zwion bei Georgenburg eine Hengstprüfungsanstalt einrichtete. Eberhard von Velsen schreibt in seinem Buch über die Trakehner darüber: „Dieses Training (in der Hengstprüfungsanstalt, A. d. A.) endete mit einer Prüfung, in der Charakter, Temperament, Grundgangarten, Rittigkeit, Gesundheit, Futterverwertung und Leistungsfähigkeit zusammen mit den Trainingsnoten bewertet wurden. Nur die Hengste, die diese harte Leistungsprüfung bestanden hatten, erhielten ein Anrecht auf eine Beschälerbox in den jeweiligen Landgestüten. Die in der Prüfung erfolglosen Hengste wurden aus der Zucht ausgemerzt."

Die Hengstleistungsprüfung, in Züchterkreisen zu „HLP" abgekürzt, gibt es heute noch. In den Landgestüten Schwaiganger, Marbach, Neustadt an der Dosse, in den zu den Gestüten in Warendorf beziehungsweise Celle gehörenden Hengstprüfungsanstalten Münster-Handorf und Adelheidsdorf sowie im Trakehnergestüt Klosterhof Medingen werden heute noch HLPs durchgeführt, allerdings geht es dabei nicht mehr um ein Jahr, sondern 100 beziehungsweise 30 Tage. Das Resultat entscheidet aber immer noch darüber, ob ein Hengst Beschäler werden darf oder nicht. Heute braucht es allerdings kein Gesetz mehr, um diese Regulierung durchzudrücken. Wirtschaftliche Überlegungen halten die meisten Stutenbesitzer

Kraft, bis es gegen Ende des 20. Jahrhunderts durch eine EU-Verordnung abgelöst wurde – mehrfach angepasst, sodass sich die Zucht der Marke „Weideglück – Vater unbekannt, Mutter zum Reiten nicht mehr tauglich" wirklich nicht mehr lohnte.

1926 komplettierte Trakehnens Landoberstallmeister Graf von Sponeck das Hengst-Selektions-

► *Links: Abmarsch*
zur berühmten
Trakehner Herbstjagd
Rechts: Ein Bild von
einem Pferd: der
Trakehner Linien-
gründer Dampfross

Hauptgestüt Trakehnen O.Pr.   Ausritt zur Jagd

Trakehner Hauptbeschäler „Dampfroß", geb. 1916 von Dingo u. d. Laura (Ostpr. Stutb.) v. Passvan

davon ab, einen nicht anerkannten Hengst einzusetzen. Das Fohlen aus einer solchen Paarung würde keine vollen Papiere bekommen, was wertmindernd ist.

Trakehnen hat die Nase vorn – zum letzten Mal

Einer der bedeutendsten Landstallmeister in Trakehnen war der vorletzte: Siegfried Graf Lehndorff (Amtszeit 1922–1931). Er übernahm in einer schweren Zeit: Der erste Weltkrieg war verloren, die Monarchie untergegangen, die Weltwirtschaftskrise wirkte sich natürlich auch auf den Pferdehandel aus. Der vorausschauende Lehndorff betrachtete stirnrunzelnd die hocheleganten, aber zierlichen Pferde, die er übernommen hatte. Obwohl er aus der Vollblutzucht kam – er war der erfolgreiche Chef des Vollblutgestütes Graditz gewesen, bevor er nach Trakehnen übersiedelte –, wusste von Lehndorff, dass in Zukunft stärkere Pferde gebraucht werden würden. Eberhard von Velsen schreibt dazu: „Verlangt wurde ein großrahmiges, starkes, über viel Boden stehendes und langrippiges Warmblutpferd."

Natürlich wollte von Lehndorffs Berliner Obrigkeit den Prozess beschleunigen. Dieses Mal sollten Anglo-Normannen und Oldenburger-Hengste eingekreuzt werden. Lehndorff widersetzte sich und schaffte so etwas wie die Quadratur des Kreises: Er sortierte die zu leichten Trakehner aus, verkaufte sie und setzte auf rassereine Trakehner als Verstärker. Dabei gelang es ihm nicht nur, tatsächlich die Verstärkung zu erreichen, sondern auch, den Adel und die Eleganz der Trakehner zu erhalten.

Seinem Nachfolger Dr. Ernst Ehlert (im Amt von 1931–1944) blieb nicht mehr viel. Er konsolidierte die Zucht und im Winter 1944 organisierte er die Flucht. Die Russen kamen, Trakehnen war verloren. Nicht verloren waren aber dank der Bemühungen der pferdeliebenden Ostpreußen die Trakehner Pferde.

Es bleibt in der Familie – Inzucht in der Pferdezucht

Pferde kennen keine Inzesthemmung, daher kommt es bei freilaufenden Herden durchaus vor, dass eine Stute von ihrem Vater – Sohn oder Cousin gedeckt wird. Und ebenso wird das früher bei Züchtern gewesen sein, die in abgelegenen Gebieten zuhause waren. Fremdblut war nicht aufzutreiben, also nahm man den nächsten verfügbaren Hengst, ob der nun mit der Stute verwandt war oder nicht.

Dabei muss irgendjemandem aufgefallen sein, dass die Fohlen aus solchen Verwandtschaftsbeziehungen gut ausfielen. Man konnte sich zwar damals noch nicht erklären, was dahinter steckte, aber die Weisheit „Inzucht kann verbessernd wirken" sprach sich herum.

Sie runzeln die Stirn, weil Sie jetzt an diverse Herrscherhäuser und ihre Probleme mit Inzucht denken? Richtig, da gab es Schwierigkeiten, was nicht verwunderlich ist, wenn zum Beispiel wie im Fall des zwar hochbegabten, aber psychisch belasteten österreichischen Kronprinzen nicht nur die Eltern Cousine und Cousin sind, sondern auch ein Satz Großeltern und davor so und so viele Onkel-Nichten- und andere verwandtschaftlichen Beziehungen im Stammbaum sind. Dann kommt es nämlich zum sogenannten „Ahnenschwund" und infolgedessen zur „Inzuchtdepression". Sprich: Die negativen Eigenschaften sowie eventuelle genetische Defekte (die Nachkommen von Queen Victoria und ihrem Cousin Albert, die mit Hämophilie belastet waren, fallen einem ein) kumulieren. Demnach kann man sagen: Mit der Inzucht ist es wie mit dem Rotwein. In Maßen genossen, ist er etwas Gutes, im Übermaß schädigt er.

In der Pferdezucht kam Anfang des 20. Jahrhunderts Methode in die Inzucht. Dafür war der italienische Vollblutzüchter Federico Tesio (1869–1954) verantwortlich. Eine seiner großen Stärken war analytisches Denken – und so kam er darauf, dass gezielte Inzucht bestimmte Eigenschaften festigt. Bei ihm konnte das dann zum Beispiel so gehen: Stute X ist besonders stark im Sprint und vererbt diese Stärke. Kreuzt man sie nun mit ihrem Sohn Y, kann man davon ausgehen, dass bei dem aus der Kreuzung fallenden Fohlen XY die Sprintstärke genetisch sehr fest verankert ist und dass XY sie an seine Nachkommen weitergibt. Damit das sicher klappt, wird XY dann zum Beispiel mit einer Cousine gekreuzt und man sorgt auch im Weiteren immer wieder dafür, dass sich bei den Paarungen der sogenannte „Blutanschluss" ergibt, das heißt, dass die Beteiligten zumindest entfernt verwandt sind.

Allerdings hatte man den Ostpreußen dabei allerlei Hindernisse in den Weg gelegt. Landstallmeister Dr. Ehlert wollte nämlich schon im Oktober 1944 das Gestüt evakuieren und die Pferde in den Westen schicken. Dafür bekam er aber von den „Endsieg"-gläubigen Berliner Nazis keine Genehmigung. Er schaffte es nur, 60 Junghengste zur Aufzucht in den sicheren Hunsrück zu schicken. Der Rest seiner Pferde durfte erst im Dezember 1944 fliehen – unter der Führung von über 65- und unter 16jährigen Gestütsmitarbeitern. Dabei fuhren da schon keine Züge mehr und so mussten die Pferde – darunter tragende Stuten, wenige Monate alte Absetzer und junge Pferde – auf ihrem Weg nach Westen bei Sturm und Schnee übers vereiste frische Haff.

Es war die härteste, denkbare Leistungsprüfung für die Pferde mit der Elchschaufel. Manche davon wurden sogar extra hart geprüft – so zum Beispiel der ehemalige Trakehner Landbeschäler Julmond. Der Fuchs hatte züchterisch in Trakehnen keine Bäume herausgerissen, aber die Gestüter kannten ihn als zuverlässiges, leistungsbereites Reitpferd. Darum wurde er auf der Flucht als „Hütepferd" eingesetzt – ein Gestütswärter, der eine Stuten-

herde führte, ritt Julmond. Das bedeutete, dass er weite Teile der Strecke um die Herde herumkreiste, um sie zusammenzuhalten. Dabei gab's wenig zu fressen, es war eiskalt, die Böden waren gefroren und an den Schmied war nicht zu denken.

Julmond schaffte die Flucht dennoch und kam über Holstein ins westfälische Landgestüt Warendorf. Dort wurde er einige Zeit als Deckhengst eingesetzt, fand aber keinen Anklang bei den Züchtern und wurde schließlich als Reit- und Fahrpferd im Gestüt eingesetzt. Schließlich musste er noch einmal umziehen – er wurde Weidehengst bei einem Trakehnerzüchter. Dort fand er endlich ein paar Stuten, die wirklich zu ihm passten, – und Dr. Georg Wenzler, den baden-württembergischen Landstallmeister. Der war auf die Suche nach einem Veredler für seine doch recht schweren Alt-Württemberger-Stuten und ihm fielen Julmond und seine Söhne ins Auge. Er kaufte die Familie kurzerhand, so kam Julmond – damals schon ein sehr alter Herr – ins baden-württembergische Haupt- und Landgestüt Marbach an der Lauter. Drei Jahre deckte er dann noch, aber in der Zeit schaffte er es – zusammen mit seinen Söhnen –, zum Stammvater der württembergischen Zucht zu

alle westdeutschen Zuchtgebiete erst einmal um-
züchten. Baden-Württemberg war ein Beispiel: Der
Alt-Württemberger, wie man ihn vor dem zweiten
Weltkrieg gezüchtet hatte, war ein leichtes Arbeits-
pferd gewesen. Das Zuchtkonzept hatte „Herr und
Bauer" geheißen – ein Pferd, das unter der Woche
auf dem Acker, im Wald und im Gespann arbeitete
und am Wochenende unter dem Sattel gehen
konnte.

Doch nach 1945 waren elegante Reitpferde gefragt – und in Baden-Württemberg setzte Landstallmeister Dr. Georg Wenzler auf Trakehner als Veredler. Dabei nahm er eine Erkenntnis voraus, die

werden. Er ist der einzige Hengst, der in Marbach
je beerdigt wurde und auf seinem Grab liegen heute noch oft Blumen.

Julmond war ein Glücksfall für die Trakehner
und für Württemberg. Die Statistik präsentiert
sich aber dennoch eher deprimierend: 1944 gab
es 26 264 eingetragene Trakehner-Stuten und
852 Hengste. Als 1947 dann in Westdeutschland
der „Verband der Züchter und Freunde des Warm-
blutpferdes Trakehner Abstammung e. V." gegrün-
det wurde, wurden 797 Stuten und 64 Hengste ins
neue Stutbuch eingetragen. Darunter waren 18 Stuten aus dem ehemaligen Hauptgestüt Trakehnen.
Von 16 Hauptbeschälern dort hatte es nur einer
geschafft.

Pferdezucht in Deutschland nach 1945

Der deutsche Osten und Trakehnen waren verloren
und für die westdeutsche Pferdezucht sah es nach
dem zweiten Weltkrieg auch nicht gut aus. In der
Landwirtschaft wurde industrialisiert, die Kavallerie
gab es nicht mehr und die Sport- und Freizeitreite-
rei war erst im Entstehen. Dazu mussten aber fast

Das Gedöns mit dem Pedigree

Ja, ich konnte den Stammbaum meiner Stute
durch drei Generationen nach hinten auswendig – und er war nicht der einzige. Ich kannte
auch die Pedigrees der Hengste, von denen
sie Fohlen hatte. Ich hielt mich diesbezüglich
an den Rat von Federico Tesio, der jedem
Züchter empfahl, sich intensiv mit dem
Stammbaum seiner Pferde auseinanderzuset-
zen. Dabei ging es ihm natürlich nicht darum, irgendwelche Papiere auswendig zu lernen, sondern sich die Pferde im Stammbaum
genau anzusehen. Auf die Art kann man
nämlich mit einiger Übung und Erfahrung
Familienähnlichkeiten erkennen – und aus
denen wiederum auf die Vererbung rück-
schließen.

Zucht kann man nicht am grünen Tisch planen und sie entzieht sich der Berechnung
durch den Computer, weil zu viele noch uner-
forschte Faktoren eine Rolle spielen. Aber
gute Züchter entwickeln Gefühl – und das hat
ganz viel damit zu tun, wie sie mit Stammbäumen und Familien umgehen können.

Die inzwischen restaurierte Einfahrt nach Trakehnen mit dem alten Brandzeichen im Wappenschild

Lehndorff hatte doch vor dem Krieg züchterisch noch einmal auf Verstärkung gesetzt. Julmond war schon ein Produkt des neuen Lenndorff'schen Zuchtprogramms. Ihm selbst sah man es nicht unbedingt an, aber seine in Westfalen geborenen Trakehnersöhne waren genau das, was Lehndorff gewollt hätte und was der württembergische Landoberstallmeister gesucht hätte: Hengste, die zwar stabil den Adel und die Eleganz der Trakehner vererbten, aber genetisch nicht so weit von den Alt-Württembergern entfernt waren wie die Araber.

Alt-Württemberger plus Araber wäre eine Hybridkreuzung gewesen. So nennt man es, wenn zwei genetisch gefestigte, aber recht weit auseinander liegende Rassen miteinander gekreuzt werden. In erster Generation lässt das Ergebnis nichts zu wünschen übrig – der Nachwuchs scheint jeweils das Beste von beiden Rassen zu erben. Dafür wird es dann in der zweiten und weiteren Generationen problematisch. Da streuen die Erbanlagen und das Ergebnis wird für die Züchter noch unberechenbarer als Zucht sowieso ist. Im Fall der Alt-Württemberger mit Arabern hätte das zum Beispiel ein Pferd mit Araber-Fahrgestell und Alt-Württemberger Hintern oder Alt-Württemberger-Kopf und Hals über Araber-Rumpf und feinem Araber-Fundament sein können.

Landstallmeister Dr. Wenzler berücksichtigte in seinem Zuchtkonzept aber nicht nur moderne Erkenntnisse wie die über Hybridzucht, sondern eine der alten Weisheiten: Züchten heißt, in Generationen zu denken. Es reicht nicht, die nächsten Verkäufe zu planen, sondern man muss auch berücksichtigen, dass es in der Zucht danach weitergehen muss.

Züchter wie Dr. Wenzler trennen darum durchaus zwischen den sogenannten „End-" und den „Zuchtprodukten". Dem baden-württembergischen Landstallmeister war klar, dass zum Beispiel Fruchtbarkeit und Leichtfutterigkeit bei einem Reitpferd (= Endprodukt) nicht relevant sind, dafür aber bei einem Zuchtprodukt sehr wichtig.

später den Haflinger-Züchtern einige Probleme bereiten sollte.

Eigentlich hätte man in Marbach zur Veredelung der schweren Alt-Württemberger Araber einsetzen können. Immerhin hatte das baden-württembergische Haupt- und Landgestüt doch eine berühmte Araberherde und Dr. Georg Wenzler hatte im ägyptischen Staatsgestüt El Zarah den Superhengst Hadban Enzahi ox eingekauft. Dennoch setzte Dr. Wenzler Trakehner ein – und wie Sie sicher erinnern: Trakehnens letzter Landstallmeister Graf

Geburt und Aufzucht

Auf den ersten Blick scheint es merkwürdig: In der Renaissance und im Barock gab es bereits eine Menge Literatur über die verschiedensten Aspekte der Hippologie. Es wurde jede Menge über Reiterei geschrieben. Es gab Ausführungen über Pferdezucht und Bücher über Pferdekrankheiten und ihre Behandlung. Aber merkwürdigerweise findet sich nur sehr wenig über die Haltung von Pferden!

Will man zum Beispiel wissen, wie Pferde früher gefüttert wurden, hat man die größten Chancen, wenn man sich mit alten Rechnungsbüchern in höfischen Archiven beschäftigt. Aus den Futtermengen, die eingekauft wurden, kann man Rückschlüsse ziehen. Aber darüber, wie man zum Beispiel mit tragenden Stuten, der Geburt und der Aufzucht umging, wie Fohlen entwöhnt wurden und wie man mit den jungen Pferden verfuhr, erfährt man nur sehr wenig. Es gab kaum Anweisungen und Aufzeichnungen. Daraus aber schließen zu wollen, dass man diesen Komplex nicht ernst genommen hätte, wäre ganz verkehrt. Doch es war so, dass damals im Stall eine strenge Hierarchie herrschte: Reiten und das Ausbilden von Pferden, die Planung und Organisation der Zucht waren „Herrensache", denn dabei musste man sich ja die Spitzenmanschetten nicht schmutzig machen.

Die tägliche Arbeit und Ausführung in der Zucht – vom Beaufsichtigen des Deckakts über die Fütterung der Stute durch die Trächtigkeit, die Stallwache um die Geburt herum und der Umgang mit den Fohlen und Jungpferden blieb dem Stallpersonal überlassen. Das waren oft jüngere Bauernsöhne aus der Umgebung oder auf den großen Gestüten die Söhne der Gestütswärter (im baden-württembergischen Haupt- und Landgestüt gab es schon Gestütswärter in vierter Generation und teilweise richtige „Marbacher Dynastien"). Ohne diese Menschen und ihre Fachkompetenz herabsetzen zu wollen: Sie waren eher einfache Leute. Zwar wurde schon im 18. Jahrhundert überall in Deutschland die allgemeine Schulpflicht eingeführt, aber auch wenn die Bauernkinder dann schreiben und lesen konnten – Bücher werden sie wohl eher selten zur Hand genommen haben.

Ich erinnere mich daran, dass mein Urgroßvater, Ende des 19. Jahrhunderts geboren, 1963 gestorben, dazwischen Bauer und Fuhrunternehmer in Stuttgart-Zuffenhausen, nur drei Bücher im Haus hatte: Eine Bibel, einen „ewigen Kalender"

▼ *Marbacher Araberstute mit Saugfohlen auf der Koppel*

mit Tipps zur Haus- und Landwirtschaft und – stolze Erinnerung an seine Militärzeit bei den königlich-württembergischen Olga-Dragonern – eine Heeresdienstvorschrift für die Reiterei.

Der Mangel an Büchern lässt aber nicht auf einen ebensolchen an Fachwissen schließen. Man war früher daran gewöhnt, dass Wissen mündlich weitergegeben wurde und da die Menschen damals noch nicht von Reizen überflutet wurden wie wir heute, werden sie wohl bessere Gedächtnisse gehabt haben.

Dazu kommt aber noch ein anderer Faktor, den wir nicht unterschätzen sollten: Ein Gestütswärter in Trakehnen um 1750 herum, der vielleicht auch noch Sohn eines solchen war, hatte unter Garantie einen ganz anderen Zugang zur Natur und zu Pferden als wir Stadtmenschen des 21. Jahrhunderts. Heute muss man den Gestütspraktikanten erklären, dass die sogenannten „Harztropfen" am Euter der Stute auf eine bevorstehende Geburt hinweisen – und dabei sagt man ihnen am besten auch noch, wo sie nach dem Euter schauen sollen. In Trakehnen und auf den dazugehörigen Vorwerken wusste das wahrscheinlich jedes Kind – und wahrscheinlich sogar noch mehr.

▼ Links: Pferdekinder sollten am besten im Frühjahr geboren werden, sodass sie schon in den ersten Lebenstagen auf die Koppel können. Rechts: Die Junghengste schauen aufmerksam.

Ich erinnere mich nun an meinen Mentor in Sachen Zucht. Ich hatte angeboten, bei der nächsten bevorstehenden Geburt die Stallwache zu übernehmen. Drei Tage später war es so weit: „Passt du heute Nacht auf? Ich denke, dass die Halali kommt", verkündete er. Ich stand neben besagter Stute, die für mich nicht anders aussah, als an den Tagen davor, und fragte: „Woher wissen Sie das?" – „Hah, das sieht man doch!", kam die prompte Antwort.

Ich vermute, dass ich die Antwort auch bei meinem fiktiven Trakehner Gestüter hätte bekommen können – und er hätte es genauso wenig böse gemeint wie damals mein Lehrmeister. Erfahrene Pferdeleute, die mit ihren Stuten vertraut sind, sehen ihnen tatsächlich an, ob sie tragend sind oder sich nur einen Grasbauch angefressen haben, ob sie bald gebären werden oder man in Ruhe noch drei Nächte im Bett schlafen kann, und oft haben sie sogar im Gefühl, ob es bei der Geburt Probleme geben wird oder nicht. Wenn es um die bevorstehende Geburt geht, nehmen sie mit einem Blick die kleinen Kennzeichen wahr – den Harztropfen am Euter, die veränderte Form des Bauches, das Einsinken der Flanken, wenn die Bänder vor der

◄ Der Bauch ist rund, die Flanken fallen ein, die Stute scheint in sich hineinzuhören. Sie ist kurz vor der Geburt.

Umgang mit jungen Pferden, die man in der Literatur findet, immer wieder die Order auftaucht, man solle geduldig, ruhig und freundlich mit den Pferdekindern umgehen. Sollte man nicht annehmen, dass Pferdeleute das sowieso tun?

An der Stelle fällt mir nun allerdings wieder mein Lehrmeister ein. Der hatte natürlich auch Erfahrung als Pferdeverkäufer und dazu gehört ja, dass man die potenziellen Käufer richtig einschätzen kann. Zu seinem Arsenal an „Tricks" gehörte es, sie auf die Koppel zu seinen zweijährigen Junghengsten mitzunehmen. Ich vermute, dass sich da jeder vornimmt, „freundlich, geduldig und ruhig" zu sein. Aber wenn dann ein Dutzend neugieriger Halbstarker auf vier Hufen anstürmen und den Besucher mit ihrer Begeisterung fast umwerfen, sich neben ihm prügeln und an ihm rumzupfen – da wird so manchem Angst und Bange und so mancher Reiter, der noch nie mit jungen Pferden zu tun hatte, läuft brüllend und fuchtelnd davon.

Wer mit jungen Pferden umgeht, muss zu einer Gratwanderung fähig sein: Auf der einen Seite muss er es schaffen, genug Autorität aufzubauen, damit ihn der vierbeinige Nachwuchs nicht unterpflügt; andererseits muss er ein Vertrauensverhältnis zu ihnen aufbauen. Sie müssen ihn respektieren, aber sie dürfen keine Angst vor ihm haben – und darauf bezog sich wohl die Mahnung, freundlich, ruhig und geduldig zu sein.

Geburt weich werden. Mehr noch: Sie sehen vermutlich auch den veränderten Gesichtsausdruck und sie registrieren – ohne dass ihnen das wirklich bewusst ist –, dass die Stute sich distanziert. In der Natur würde sie sich in der Dämmerung von der Herde absetzen und sich einen gut zu übersehenden Platz, gerne auf einer Bergkuppe, suchen, um ihr Fohlen in Ruhe zu bekommen.

Bei den erfahrenen Pferdeleuten ersetzt das „Gefühl" fürs Pferd ein Dutzend Bücher und diese Erfahrungen und die Intuition sind für den Erfolg eines Gestüts bestimmt nicht weniger wichtig wie die theoretische Kompetenz des Gestütchefs.

Insofern muss es doch ein wenig verwundern, dass zu den wenigen Anweisungen über den

Von klein auf – Geburt und wie weiter?

In großen Gestüten hat heute der Computer die Stallwache bei den hochtragenden Stuten übernommen. Wenn die Trächtigkeit festgestellt wird, bekommen die Damen einen winzig kleinen Funkchip eingesetzt. Wenn sich dann die Scheide weitet, die Geburt also kurz bevorsteht, gibt der Chip eine Meldung an eine Funkeinheit, die im Stall angebracht ist. Die sendet dann zum Beispiel – die meisten Geburten bei Pferden finden ja mitten in

➤ *Oben: Es gibt verschiedene Möglichkeiten, tragende Stuten zu überwachen. Eine davon ist eine Kamera über der Abfohlbox. Unten: Die Stute trägt einen Gurt mit Sender. Dieser meldet Alarm, wenn sie sich flach hinlegt.*

lingsnächten absolviert habe. Ich war dabei immer eingepackt wie das Michelin-Männchen – Daunenjacke, Thermohose, Leggins, Wollstrümpfe, Angora-Unterhemd, Flanellhemd, Strickpullover – und ich hatte sowohl einen Daunenschlafsack als auch eine Thermoskanne mit heißem Tee, aber dennoch habe ich besonders in den zwei Stunden vor Sonnenaufgang gefroren wie der legendäre Schneider.

Und ich bin auch das eine oder andere Mal vergeblich im Stall gesessen und habe das Zähneklappern unterdrückt. Das Problem mit den vierbeinigen Müttern in spe ist nämlich, dass sie den Geburtsvorgang bis zu 48 Stunden hinausziehen können, wenn sie sich nicht sicher fühlen! Bei Maidenstuten, die das erste Mal gebären, kann es reichen, wenn ein Motorrad mit aufheulendem Motor am Stall vorbeifährt! Die werdende Mutter erschrickt, verkneift sich alles Weitere für diese Nacht und die Stallwache hat umsonst gefroren.

Wenn die Stute überzeugt ist, dass sie und ihr Baby sicher sind, geht es ganz schnell: Die Fruchtblase öffnet sich, das Fruchtwasser fließt ab, die Stute legt sich – und kaum drei, vier Minuten später sind dann schon die Vorderbeine des Fohlens da. Sie sind leicht gegeneinander verschoben – der Schultergürtel ist dann am schmalsten, wenn ein Bein vor dem anderen liegt (das ist der Vorteil, wenn man keine Schlüsselbeine hat: Der Schulterbereich ist flexibler). Das Köpfchen liegt auf den Beinen – und wenn der Kopf erst mal da ist, rutscht der Rest in zwei, drei Wehen nach.

Der Haken für die Stallwache: Außer dem meist recht leisen „platsch" des Fruchtwassers verläuft die Geburt ohne Geräusche. Der Instinkt verbietet es der Stute, Lärm zu machen – sie könnte damit ja einen hungrigen Berglöwen oder streunende Wölfe anlocken. Nur manchmal, im letzten Stadium der Geburt, hört man ein leises Stöhnen.

Es gibt also kein Wecksignal für die Stallwache. Die muss wach bleiben, was gar nicht so einfach ist, denn gleichzeitig muss sie sich ja sehr ruhig verhalten, um die Stute nicht zu beunruhigen.

der Nacht statt – einen Weckruf an das Telefon des Zuständigen. Damit erspart man sich die Stallwachen, die früher recht aufwändig waren.

Ich fröstle beim Gedanken daran. Ich erinnere mich nämlich an die Stallwachen, die ich in Früh-

Nicht einmal Lesen war früher möglich – im Stall sollte es halbdunkel sein, weil Stuten eben darauf programmiert sind, im Schutz der Nacht zu gebären.

Immerhin: Bei einem normalen Geburtsverlauf braucht die Stute keine Hilfe. Der Mensch sollte sich auf ruhiges Beobachten beschränken. Sein Einsatz ist erst gefragt, wenn das Fohlen im Stroh liegt und die Stute wieder aufsteht. Dann muss der Geburtshelfer aufpassen, dass sie nicht in die herunterhängende Nachgeburt tritt und die damit losreißt. Erfahrene Pferdeleute gehen da pragmatisch vor: Sie verknoten kurzerhand Nachgeburt und Schweif. So wird die Plazenta weder durchs Stroh gezogen noch besteht Gefahr, dass sie sich losreißt und dabei Blutungen auslöst.

Babysitting im Stall

Da liegt's nun im Stroh, das neugeborene Pferdekind, noch ganz feucht, die Ohren kleben am Köpfchen, die Hüfchen sind zum Schutz der Geburtswege der Mutter noch mit einer wachsartigen Schicht überzogen. Man müsste ein Unmensch sein, wenn man von dem Anblick nicht gerührt wäre und keinen Kontakt zum Fohlen aufnehmen wollte. Mutter und Kind haben in den meisten Fällen auch kein Problem damit, dass der Mensch hilft, das Fohlen trocken zu reiben, und es beim Aufstehen und bei der Suche nach dem Euter unterstützt. Winzling hat da nämlich ein Problem: Er weiß, dass die Milchquelle irgendwie unten an der Mama in einem Winkel ist – aber nicht so ganz genau, wo. Und so muss das Pferdekind nicht nur seine langen Beine sortieren und aufstehen, sondern auch noch auf die Suche gehen – und wenn es dabei Hilfe bekommt, geht's eben ein bisschen schneller.

In dieser ersten Nacht gleich nach der Geburt kommt dann fast so etwas wie das „wir sind eine glückliche Familie"-Gefühl auf. Doch am Morgen

danach ist es damit vorbei – wie ich beim ersten Fohlen meiner Stute unter meiner Regie auf die harte Tour lernen musste. Ich kam da nach der durchwachten Nacht fröhlich pfeifend in den Stall, begrüßte die Kleine, die neugierig zur Boxentür gekommen war, und dachte, die angelegten Ohren der Frau Mama ignorieren zu können.

Ich holte Madame aus der Box, band sie davor an, sodass sie ihren Nachwuchs sehen konnte, und wollte nun ihren blutigen Schweif und ihre Kehrseite abwaschen – die Lady war Schimmel und sah wirklich schlimm aus. Ungefähr zwei, drei Minuten ging alles gut, doch dann legte sich die Kleine hin – und dummerweise so, dass sie unter der Futterkrippe verschwand.

In diesem Moment flog mir schon mein Putzeimer um die Ohren. Die Stute stieg mit schrillem Wiehern und begann einen wilden Tanz. Sie ließ sich nicht mehr von mir beruhigen und ich hatte größte Mühe, ihren Karabiner zu lösen und die Boxentür aufzumachen. Dann aber war der Zauber

▲ *Obwohl das Neugeborene noch in der Eihülle steckt, versucht es schon, die langen Beine zu sortieren und aufzustehen.*

► *Links: Fläschchen, Desinfektionsmittel, Einweghandschuhe, sterile Schere – die komplette Ausrüstung für eine Pferdehebamme Rechts: In den ersten Lebenswochen brauchen Pferdekinder sehr viel Schlaf.*

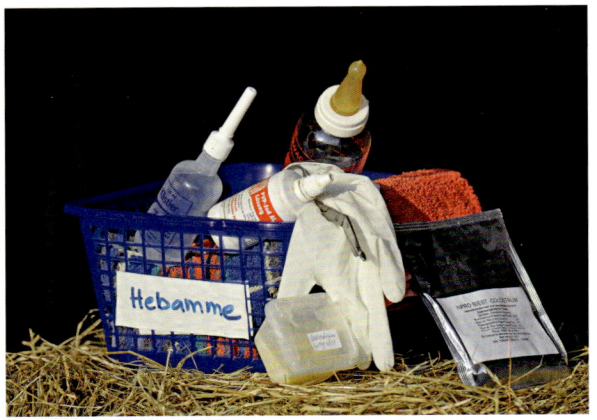

auf einen Schlag vorbei: Sie sah ihr Baby, beschnupperte es – und damit war die Welt wieder in Ordnung. Ich durfte frisches Wasser holen und sie vollends waschen.

Ich aber habe dabei etwas gelernt: Wie viele Tiere „wissen" Pferde bei der Geburt noch nicht, wie ihre Mutter aussieht. Darum sind einige – wie zum Beispiel Graugänse – darauf programmiert, das erste Wesen, das auf ihr Rufen antwortet, als „Mama" anzunehmen. Den Vorgang hat dereinst Konrad Lorenz entdeckt und „Prägung" genannt.[7] Die meisten sozial lebenden Tiere werden geprägt, nur geht es nicht bei allen so schnell wie bei Gänsen. Bei Pferden scheint es sogar ein ziemlich komplizierter und dadurch langwieriger Vorgang zu sein. Es kann bis zu 14 Tage dauern, bis das Fohlen weiß, wer seine Mutter ist. In der Zeit hat die Stute Stress. Das Fohlen macht nämlich, was es will und denkt nicht im geringsten daran, der Mutter zu folgen. Es trödelt über die Weide, schnuppert mal hier, mal da, schäkert mit einer Tante, schaut sich zweibeinige Besucher an – und Mama muss immer hinterherlaufen, um das Kind nicht zu verlieren. Erst nach ungefähr zwei Wochen hat das Kleine begriffen: „Das ist Mama – und die ist nicht nur meine Milchquelle, sondern auch meine Lehrerin und mein Bodyguard. Darum bleibe ich ganz nah bei ihr."

Übrigens kann man, selbst wenn man kein großer Pferdekenner ist, erkennen, ob ein Fohlen geprägt ist oder noch nicht: Das ungeprägte Fohlen kümmert sich nicht um die Stute – darum ist die meist hinter ihm. Das geprägte aber scheint an Mutters Schulter zu kleben und folgt ihr wie ein Schatten.

Aber wie ist das eigentlich mit der Beziehung zwischen Mensch und Pferd? In den 90er Jahren des vorigen Jahrhunderts erschien in den USA ein Buch, in dem es genau darum ging. Es wurde empfohlen, so früh wie möglich eine Beziehung zum Fohlen aufzubauen, wobei der Vorgang „Imprinting" genannt wurde.

Mir fiel darauf Bernhard Grzimek ein. Der spätere Zoodirektor und Umweltaktivist hatte in den 30er und 40er Jahren des vorigen Jahrhunderts das Verhalten von Pferden erforscht. Dabei produzierte er auch ein „Kaspar Hauser Fohlen", sprich: Er trennte ein Fohlen sofort nach der Geburt von der Mutter und zog es ohne jeden Kontakt mit anderen Pferden mit der Flasche auf. Das Experiment endete tragisch: Der kleine Kaspar Hauser lernte nicht, dass er ein Pferd ist. Bei der Kontaktaufnahme mit Artgenossen war er entweder ängstlich oder desinteressiert. Außerdem war klar, dass er ihre „Sprache" nicht verstand und mit ihren Ritualen nicht klarkam. Ganz dick kam es dann aber, als der junge Hengst geschlechtsreif wurde. Er war nämlich nicht im mindestens an Pferdemädchen interessiert. Stattdessen machte er seinen Menschen Anträge. Sie können sich vorstellen, dass 500 Kilogramm Hengst, die aggressiv ihr Begehren anmelden, nicht unbedingt bekömmlich für ein fragiles Menschlein sind. Das Resultat von Grzimeks Experiment war dann auch, dass sein Kasper Hauser Fohlen getötet werden musste.[8]

Die Geschichte sollte eigentlich als Warnung dienen, nicht in den Prägungsprozess einzugreifen. Aber wenn doch, sollte man es nicht auch noch als totale Neuheit verkaufen wollen. 1904 gab es da nämlich einen Herrn Capobus, der in Büsum ein Buch mit dem knackigen Titel „Die Geheimlehre, wie man mit Untugenden behaftete Pferde als da

sind Beißer, Scheuer, Durchgänger usw. wieder zu brauchbaren Tieren macht." veröffentlichte. In besagtem Buch kann man lesen: „Schon gleich nach der Geburt des Füllens, sobald es eben stehen kann, muss man versuchen, das junge Tier an den Menschen zu gewöhnen. Zuerst erhält es einen Namen und man versuche, durch öfteres Anrufen, es an denselben zu gewöhnen; so dann hebe man die Füße abwechselnd auf und suche durch Streicheln und Liebkosungen das Zutrauen des kleinen Tieres zu gewinnen. Nach und nach fängt man dann an, beim Aufheben der Füße die kleinen Hufe mit einem leichten, breiten Stück Holz zu bearbeiten, und zwar in ähnlicher Weise als später der Schmied es beim Ausschneiden und Beschlagen macht."

◄ Baby döst, Mama ist zwar entspannt, hat aber die Augen offen und die Ohren gespitzt. Sie ist bereit, ihr Kind gegen jede Gefahr zu verteidigen.

▲ *Grundschule für Pferde-kinder: Auf der Koppel gilt es viel zu lernen.*

durch die Zeiten hindurch immer von der Welt-sicht des Beobachters geprägt war.

Am deutlichsten wird das beim Thema „Hierar-chie in der Herde". Allein schon die Relevanz des Themas in alten Büchern macht klar, wie wichtig man es fand. Die Vorstellung, wie die Rangord-nung in der Pferdeherde funktionierte, beweist die Aussage vom Einfluss der Weltsicht. Bis zum Anfang des 19. Jahrhunderts ging man nämlich davon aus, dass es auch bei Pferden klare „Befehls-strukturen" gibt. So war es schließlich von Gott gewollt und das wurde nicht in Frage gestellt.

Aber dann veränderte sich die Welt: Die Franzö-sische Revolution mit ihrem Liberté, égalité und fraternité setzte einiges in Bewegung. Und dann kam auch noch Darwin, der die „göttliche Ord-nung" in Frage stellte – und plötzlich wollten die Leute wissen, wie Hierarchien eigentlich zustande kamen. So tauchten dann Beschreibungen auf, die auf das „Recht des Stärkeren" zielten.

In der Zeit kam dann wohl die Idee vom wilden, starken Hengst auf, der sich mit einem Dutzend anderer Pferdeknaben um einen Harem prügelt. Vermutlich gehört zu der Phantasie auch das Bild von Stuten, die bewundernd und beeindruckt der

Merken Sie etwas? Capobus empfiehlt zwar, von Anfang an einen Kontakt zum Fohlen aufzubauen, aber er versucht nicht, sich zwischen Stute und Fohlen zu drängen. Er lässt die Stute an ihrem Platz und schafft sich einen zusätzlichen als eine Art „Freund" im Leben des Fohlens.

Das Genderproblem bei den Pferden

➤ *Evolutionsbiologen vermuten, dass sich im Jungtier die nächste Entwicklungsstufe einer Spezies zeigt. Demnach hätte die nächste Stufe Pferd nicht nur eine grö-ßere Stirn, sondern auch mehr Gehirn dahinter.*

Ein modernes Buch kann ja kaum ohne eine Er-wähnung dieses Themas auskommen, nicht? Aller-dings ist uns nicht bekannt, ob's bei Pferden dies-bezüglich auch Irrungen und Wirrungen gibt – falls dem so sein sollte, machen die lieben Tiere das unter sich aus. Aber wer sich mit Zucht und Aufzucht beschäftigt, kommt am Verhalten der Pferde nicht vorbei – und stellt dann beim Lesen älterer Pferdebücher fest, dass die Sicht darauf

Nachwuchs füttern – eine Gratwanderung

„Fütterung ist Chefsache" wurde mir schon an meinem ersten Tag im Praktikum gesagt – und je länger ich mit Pferden zu tun hatte, desto mehr begriff ich, dass in der Futterküche Karrieren gemacht werden. Gut füttern ist nämlich mehr als Heu und Hafer in entsprechender Menge ins Pferd zu stopfen, und auch wenn der Tierarzt heute mit Blutproben bei der Rationsberechnung nachhelfen kann – die Erfahrung und das Gefühl eines guten Stallmeisters sind nicht zu ersetzen.

Das wussten auch schon die Pferdeleute der Vergangenheit – und sie wussten, dass besonders die Fütterung des Nachwuchses ebenso wichtig wie schwierig ist. Da muss man nämlich den Mittelweg zwischen zu viel und zu wenig finden – und das immer im Gedanken daran, dass hier die Zukunft des jungen Pferdes entschieden wird.

In der Vergangenheit neigte man dazu, den Nachwuchs sehr knapp zu halten. Er sollte nicht „verwöhnt" werden, weswegen manche ins andere Extrem verfielen und ihre Fohlen hungern ließen. Das Resultat war, dass sie klein und schmächtig blieben und diverse Mangelerscheinungen aufwiesen. Das andere Extrem taugt aber auch nicht: Zu gut gefütterte Fohlen werden zu groß und zu schwer. Beim raschen Heranwachsen werden die Knochen nicht fest genug, die Jungpferde werden schwammig und wenig belastbar.

Da befolgt man am besten die Anweisung eines alten Marbacher Stutmeisters, die da hieß: „Pfuschen Sie der Natur möglichst wenig ins Handwerk. Auf einer gepflegten Koppel findet ein junges Pferd, was es braucht, und damit kann man es gut sein lassen."

Auseinandersetzung der Herren zuschauen, geduldig den Ausgang abwarten und sich dann widerspruchslos dem Sieger unterordnen. Eine Pferdeherde, so findet man es in unzähligen Büchern beschrieben, wird nämlich von einem starken Hengst geführt. Muss doch so sein, oder? Schließlich steht schon in der Bibel, dass das Patriarchat gottgewollt ist. Warum sollte es also bei den Pferden anders sein?

Die Problematik bei diesen Beschreibungen ist, dass sie meist nur auf Annahmen und nicht auf wirklichen Beobachtungen basierten. Um beobachten und daraus Rückschlüsse ziehen zu können, braucht man nämlich Pferde, die ihr Leben vom Menschen unbeeinflusst verbringen. Woher sollte man die in Europa bekommen? Die Pferde, die bei uns noch wild lebten, waren meist in unzugäng-

lichen Gebieten unterwegs. Aber immerhin: In Amerika waren inzwischen so viele Pferde ihren Menschen ausgekommen und verwildert, dass sich große Herden gebildet hatten. Also konnte man dort beobachten – und da gab es Junggesellenherden, in denen lauter Hengste unterwegs waren, und die Familienverbände, in denen jeweils einige Stuten mit ihrem Nachwuchs mit einem Hengst lebten. Und dieser Hengst prügelte sich des Öfteren mit Rivalen aus den Junggesellenherden und manchmal zogen die Damen danach mit einem neuen Hengst davon.

Zu Konrad Lorenz vielen Verdiensten gehört auch, dass er sich in seinen Beobachtungen nicht von Konventionen einschränken ließ und das auch seinen Schülern beibrachte. So war er der Erste, der Homosexualität im Tierreich beschrieb und

➤ *Soziale Interaktion: Fellchenkraulen unter Freunden stärkt die Bindung.*

seine Schülerin Anne Rasa, die Mungos beobachtete, beschrieb sehr anschaulich und eindringlich, dass diese Tierchen in einem Matriarchat leben. Und plötzlich war das Thema auf dem Tisch und man schaute genauer hin und stellte fest: Mungos sind gar nicht die einzigen Tiere, bei denen eine, beziehungsweise die Damen das Sagen haben. Da sind die Hyänen, bei denen die Weibchen deutlich größer und stärker als die Männchen sind, und da sind die Löwen, bei denen die Damen nicht nur alleine auf die Jagd gehen, sondern eindeutig auch ein „Mitspracherecht" bei der Auswahl des Familienpaschas haben. Und schließlich hat man festgestellt, dass auch bei den Equiden – Zebras und Pferden – die Familienverbände von erfahrenen Stuten geführt werden. Sie entscheiden, wohin

die Herde zieht, von ihnen hängt es ab, wann die Junghengste vertrieben werden, sie haben bei der Entscheidung für den Erzeuger ihrer Fohlen ein gewichtiges Wort mitzureden, und sie spielen auch bei Synchronisierung des biologischen Zyklus der Stuten in der Familie eine wichtige Rolle. Und Tatsache ist: Eine Pferdeherde kann sehr gut ohne Hengst überleben, aber nicht ohne Leitstute.

Welche Rolle spielen nun aber die Jungs in der Familienkonstellation? Es ist ganz einfach: Sie sind Samenspender und Bodyguard. Auf diesbezügliche Qualifikationen bezogen, werden sie von den Damen ausgesucht. Ihre Rivalenkämpfe sind dabei so etwas wie die „Werbekampagne", mit der sie den Stuten zeigen wollen, wie gesund und fit sie sind. Die Botschaft heißt: „Schaut her, wie stark ich

bin – ich kann nicht nur tolle Kinder machen, sondern sie auch beschützen!"

Und eigentlich sagt einem schon die Logik, dass der Hengst keine Chance hätte, seinen „Harem" mittelfristig gegen den Willen der Stuten zusammenzuhalten. Auch starke Jungs haben existentielle Bedürfnisse außer Fortpflanzung. Sie müssen ebenso wie ihre Damen fressen, saufen und schlafen – und wie sollten sie während diesen Zeiten auf einen Harem aufpassen? Die Steppe ist groß, es gibt keine Zäune – wer sollte die Stuten aufhalten, wenn sie auf Wanderschaft gehen und sich einem anderen Hengst anschließen?

Übrigens entscheiden Stuten da offenkundig langfristig. Es kommt durchaus vor, dass sie sich nicht für den Sieger in einem Hengstkampf entscheiden, sondern für den Unterlegenen – vor allem, wenn das ihr bisheriger Familienhengst ist. Wenn er keinen Fehler gemacht hat und seine Damen darauf setzen, dass er sie und ihren Nachwuchs auch weiterhin gut beschützen wird, kann es durchaus sein, dass sie nicht dem ungestümen Youngster folgen, der ihren Pascha besiegt hat, sondern bei dem bleiben. Allerdings: Alt wird er in der Rolle als Familienhengst auf keinen Fall. Der Job ist ausgesprochen stressig, nur superfitte Hengste schaffen es, alle ihre Stuten zu schwängern und die Familie gegen Angreifer zu verteidigen. Wer aber ein Fohlen verliert, ist bei den Stuten sofort unten durch. Dementsprechend schafft es ein Hengst selten länger als drei oder vier Jahre, bei einer Herde bleiben zu dürfen.

◄ *Oben: Die jungen Hengste üben für die künftigen Kämpfe mit ihren Rivalen.*
Unten: Steigen, beißen, treten – unter Hengsten geht es rau zu.

Im Stall

Füttern, Misten, Putzen

Herr Pinter wusste Bescheid: „Wer gute Pferde hält und will ihr recht genießen, wird ihre Wartung wohl fürs erst bestellen müssen. Durch strenge Ordnung, Maß in Arbeit, Trank und Speis', durch Reinigung von Unrath, Staub und Schweiß, weil viel mehr gute Pferd' von schlechter Wartung sterben als durch viel Unglücksfäll' und den Gebrauch verderben." [9] So schrieb er schon im Jahr 1688 und seine Worte haben seit damals nichts von ihrer Gültigkeit verloren. Allerdings war das, was Pinters da sagte, schon zu seiner Zeit ein alter Hut.

Um die Notwendigkeit von Stallhygiene wussten immerhin schon die Griechen Bescheid – oder wie erklärt es sich, dass sie in ihrer Mythologie die Geschichte vom Superhelden Herkules hatten, der engagiert wurde, um den verkommenen Stall eines gewissen Herrn Augias auszumisten?

Doch die Sache mit dem Stall – das war ein schwierigeres Thema. „Erfunden" wurde der Stall vermutlich in Nordeuropa. Im Winter wurde es dort so kalt, dass die Menschen ihren Tieren nicht mehr zumuten wollten, die Nächte durch zu frie-

➤ *Die Weiden der Stutenherden im baden-württembergischen Haupt- und Landgestüt Marbach*

ren. Zudem war die Unterbringung in einem Gebäude die beste Möglichkeit, die Vierbeiner vor hungrigen Wölfen zu schützen. Ein angenehmer Nebeneffekt ergab sich obendrauf: Tiere im Haus – und ja, da waren sie in weiten Teilen Europas untergebracht – strahlten Wärme ab, was in Zeiten, in denen man die Wohnstätte mit offenen Feuern heizen musste, ausgesprochen willkommen war.

Ob es allerdings für die Pferde angenehm war, mit Mensch, Ochs', Kuh, Schwein, Schaf, Ziege und Federvieh unter einem Dach zu leben? Es war wohl eher ein Härtetest für Pferdelungen – und immerhin wusste man schon im 18. Jahrhundert, dass Hühner und Pferde zusammen in einem Stall keine gute Idee sind. Hühner werden nämlich regelmäßig von speziellen Milben besiedelt, die aber dummerweise von Pferden eingeatmet werden und nicht eben eine positive Wirkung auf die Lunge haben.

In besseren Häusern wurden schon im Mittelalter die Ställe vom Wohnbereich abgesetzt, zudem trennte man die verschiedenen Haustiere. Erhaltene, große Burganlagen zeigen es: Der Pferdestall war meist im inneren Befestigungsring, die Kuh- und Schweineställe lagen im äußeren, sodass man die Tiere in Friedenszeiten mühelos auf ihre Weiden treiben konnte. Pferde durften auch auf die Koppel, aber sie galten als „vornehmer" und waren wertvoller als die der Ernährung dienenden Nutztiere. Dementsprechend waren die Pferdeställe meist auch edler als andere Ställe.

Der nobelste Pferdestall der Welt steht vermutlich in Chantilly nahe Paris. Da wurde nämlich 1719 ein „Pferdeschloss" erbaut. Auftraggeber dafür war ein Prinz Conde – und der bildete sich ein, dass er im nächsten Leben als Pferd zur Welt kommen würde. Nun wollte er aber auch in dieser seiner nächsten Existenz nicht auf standesgemäße Unterbringung verzichten, also ließ er sich neben seinem Schloss noch eines bauen, nur dass dieses dann nicht den Menschen diente, sondern für vierbeinige Aristokraten gedacht war.

Auf den ersten Blick war dieser Stall sehr luxuriös: Hohe Räume mit wunderschönen Stuckdecken; große Fenster, die Licht und Luft hereinließen; sauber gekalkte Wände, gepflasterte Böden, polierte Futterkrippen.

Der zweite Blick offenbart dann allerdings, dass hier wohl nur bedingt gut Pferd sein war: Im oh-so-vornehmen Stall gab es nämlich keine Boxen, sondern nur relativ schmale Ständer, in denen die Pferde angebunden wurden. Außerdem war die Reitbahn nur eine Manege mit 13 Meter Durchmesser. Das reicht für eine Zirkusvorführung, aber ob sie für den ganzen Winter ausreichend Bewegungsmöglichkeiten bietet?

▲ *Der Stall kann noch so schön sein, Pferde brauchen dennoch frische Luft und die Möglichkeit, sich frei zu bewegen – und das zu jeder Jahreszeit.*

Schöner Wohnen für den Vierbeiner

Links: Bei den Preußen herrschte Ordnung – wie man im Trakehner Hauptbeschälerstall sah. Rechts: Arbeit schändete aber auch edle Trakehner nicht. Darum wurden die Gestütspferde auch eingespannt, um das Heu nach Hause zu bringen.

Ständerhaltung war für Jahrhunderte üblich. Sogar ich kann mich aus den frühen 80ern des vorigen Jahrhunderts an Schulpferde im Ständer erinnern. Und ich sehe auch noch den kleinen, recht düsteren Stall meines Urgroßvaters vor meinem inneren Auge, in dem zwei belgische Kaltblüter in ihren Ständern standen. Mein Urgroßvater verbrachte viel Zeit dort. Es gab nämlich einen schmalen Gang im Kopfbereich der Pferde. Dort saß er mit seiner Pfeife auf einem Eimer und unterhielt sich mit seinen Pferden, wenn er sie gefüttert hatte.

In einem anderen Laufstall, den ich noch gekannt hatte, standen die Pferde mit dem Kopf zur Wand und an dieser Wand waren Heuraufen angebracht, obwohl man eigentlich schon im

18. Jahrhundert wusste, dass das Fressen über Kopf für die Hals- und Rückenmuskulatur des Pferdes nicht unbedingt zuträglich ist.

Ansonsten muss man die Ständerhaltung der Vergangenheit aber anders beurteilen als heute. Die Pferde, um die es damals ging, waren nämlich größtenteils Arbeits- oder Kavalleriepferde. Reine „Freizeitpferde" wie bei uns gab es damals höchstens bei hohen Herrschaften. Die anderen standen nicht den größten Teil des Tages im Stall, sondern meist nur nachts. Ich denke jetzt wieder an die Pferde meines Urgroßvaters: An sechs Tagen in der Woche begann deren Arbeitstag morgens um sieben. Sie wurden gegen sechs gefüttert, durften dann, während der Uropa die Kühe und sonstigen

Tiere versorgte, fressen und verdauen, dann wurde eingespannt. Entweder ging es danach aufs Feld oder der Urgroßvater hatte einen Fuhrauftrag. So fuhr er zum Beispiel Steine aus dem Steinbruch zu diversen Baustellen und Steinmetzen. Oder er unternahm Sammeltransporte: Er holte bei der Gärtnerei, einem Bäcker und einer kleinen Brauerei Güter ab und fuhr sie zur Markthalle in der Innenstadt. Egal ob auf dem Feld oder im Fuhreinsatz – seine Pferde waren üblicherweise vom Sonnenaufgang bis zur Abenddämmerung unterwegs. Dazwischen hatten sie natürlich immer wieder Ruhepausen – wenn der Wagen be- und entladen wurde, wenn der Bauer auf dem Feld beschäftigt war. Dann bekamen die Pferde ihren Futtersack umgehängt oder man warf ihnen eine Lage Heu vor – so wie es heute noch die Fiaker in Wien und Salzburg an ihren Stellplätzen tun.

Die Kavalleriepferde waren im Durchschnitt auch weniger im Stall als unsere Freizeitpartner, aber dennoch empfahl Peter Spohr 1886, man möge ein zum Scheuen und zur Nervosität neigendes Pferd aus dem „stillen, ammoniakgeschwängerten, womöglich auch noch dunklen Stall"[10] herausholen. Oberst Spohr empfahl mindestens zwei, drei Stunden Ausgang pro Tag.

Aber eigentlich wusste man schon zu seiner Zeit, dass ein Stall gut gelüftet und hell sein sollte. Alexander von Keller drückte es 1887 kurz und knackig aus: „Der Stall muss so viel Fensterlicht haben, dass man bequem darin lesen kann."[11]

Der Graf von Keller hatte aber auch etwas gegen zu ruhige Ställe: „Nach meinen Erfahrungen", schrieb er, „empfiehlt es sich als praktisch, im Stalle Kaninchen, Ziegen, Hunde etc. frei herumlaufen zu lassen. Ich beobachtete zum Beispiel bei einem bodenscheuen Pferde, wie dieses, welches anfangs erschrak, wenn ein Kaninchen bei ihm vorüberhuschte, nicht nur das Erschrecken sich dabei abgewöhnte, sondern auch im Freien sich nie mehr über Gegenstände aufregte, welche auf dem Erdboden lagen oder an ihm vorbeisprangen."

Ich denke, solche Zeilen zeigen, dass man sich schon damals Gedanken um das Wohlergehen der Pferde machte. Dennoch dauerte es noch bis Mitte des 20. Jahrhunderts, bis die Ständerställe abgeschafft wurden.

Allerdings: Die Paddockboxen und die Gruppenhaltung, auf die wir heute so stolz sind, sind keine Erfindung unserer Zeit. So schwärmte der Schriftsteller und Kavallerieoffizier Rudolf Binding (1867–1938) schon 1935 von „Trakehnens heckenrosenumkränzten Paddocks".[12] Auf denen lebten die Herren Hengste, wobei die Ehre eines eigenen Stallpavillons mit einer von Heckenrosen umzäunten Wiese davor nur den Hauptbeschälern zuteil wurde – und das nicht erst seit 1935, sondern schon sehr viel früher.

Die Idee des Einzelpavillons mit freiem Zugang zur Weide dürfte allerdings nicht in Trakehnen aufgekommen sein, sondern in England. Dort kann man heute noch auf den alten Vollblutgestüten solche Hengstställe sehen. Eine der modernsten und luxuriösesten Versionen – mit Klimaanlage, Höhensonne und fließend Warm- und Kaltwasser – kann man in Irland bewundern. Dort verbringen die Rennpferde-Väter des Aga Khans den Frühling und den Sommer, bevor sie nach Ablauf der Decksaison in Europa über den großen Teich reisen, um amerikanische Pferdemädchen zu beglücken.

Den Herren die Paddockboxen, den Damen die Gruppenhaltung – so war und ist es jedenfalls in den großen Gestüten. Besonders schön ist Gruppenhaltung im Bayerischen Haupt- und Landgestüt Schwaiganger zu sehen. Dort sind die Laufställe der Stuten ein wenig vom Gestüt abgesetzt auf den Wiesen, die den großen Hof mit den Hengstställen, Wirtschaftsgebäuden, Reitplatz und -halle, Verwaltung und Landstallmeisterhaus umgeben. Die längsgestreckten Gebäude, im Stil eines bayerischen Bauernhofes erbaut, schmiegen sich in die sanfte Hügellandschaft. Vorne im Laufstall ist jeweils die Wohnung des Stutmeisters, wobei die

▲ Oben: Der runde Paddockstall auf Anja Berans Gut Rosenhof
Unten: Der Laufstall der Stuten im Hauptgestüt Marbach a. d. Lauter

Ecke ist eine großzügige Gitterbox eingebaut, die als Isolierbox für Kranke, zum Eingewöhnen einer neuen oder als Kreissaal für eine gebärende Stute dient.

Ansonsten dürfen sich die Mütter und Kinder frei bewegen. Nur zur Fütterung werden sie jeweils auf ihrem Platz an einer der großen Krippen, die rechts und links an der Längswand angebracht sind, angebunden. Da hat jede ihren Platz mit einem Namensschild darüber und jede weiß, wo sie hingehört. Zur Futterzeit stehen die Damen meist schon da und warten, bis sie angebunden werden und ihren Hafer bekommen. Selbstverständlich gehören heute auch Selbsttränken dazu. Früher allerdings wurde mit dem Eimer getränkt –

heute nicht mehr alle bewohnt sind – die Residenzpflicht fürs Personal ist auch in Schwaiganger aufgehoben. Hinter der Wohnung gibt es eine Futterkammer, dann kommt – über die ganze Länge und Breite des Gebäudes – der große Laufstall der Stuten. Es ist ein großer, freier Raum, nur in einer

Mit Musik geht alles besser?

Keine Frage: Musik erleichtert die Stallarbeit. Musik macht Laune und darum ist der Griff zum Radio für viele morgens die erste Tätigkeit im Stall. Nichts dagegen – aber bitte nicht zu laut und bitte nicht den ganzen Tag hindurch!

Pferde scheinen nämlich den Musikgeschmack vieler heutiger Reiter nicht zu teilen. Hardrock, Rap, ja selbst Pop und Schlager, kurz: Alles, was sehr rhythmusbetont ist, erzeugt bei ihnen keine gute Laune, sondern Aggressionen. Ihr Puls versucht, sich dem Rhythmus anzupassen (Es gibt übrigens Fische, die man mit Musik umbringen kann: Wenn der Rhythmus schneller ist als ihr Normalpuls und sie über Stunden zuhören müssen, versagt schließlich ihr überfordertes Herz). Wer seinen Pferden etwas Gutes tun will, gönnt ihnen darum entweder Ruhe oder Klassik. Dabei kommt übrigens Mozart besonders gut an.

vor den Laufställen steht meist ein Brunnen, aus dem die Gestütswärter Wasser entnahmen und dann Eimer schleppten. Außerdem mussten sie (und müssen sie noch heute) misten, einstreuen, Spinnweben fegen und Krippen sauber halten. Dazu ist Zeit, wenn die vierbeinigen Damen den Hinterausgang benutzt und sich auf ihre Weide begeben haben. Die steht ihnen ganzjährig zur Verfügung, auf dass sie genug Bewegung und frische Luft bekommen.

Stallhygiene – der Dauerbrenner

Der größte Fehler, den man in meinem Praktikumsbetrieb machen konnte, war, sich vom Chef beim „Faul-Herumstehen" erwischen zu lassen. Dann bekam man nämlich unter Garantie einen Besen in die Hand gedrückt. Mein Lehrmeister war nämlich ein obsessiver Stallgassen- und Hofkehrer. „Der Stallgang ist die Visitenkarte des Gestütes", pflegte er zu predigen, wobei seine Begeisterung für die Stallgänge ihn nicht davon abhielt, auch Selbsttränken und Futterkrippen schrubben zu lassen, als wenn der Wirtschaftskontrolldienst sie einmal in der Woche inspizieren würde.

Damit stand er aber in bester Tradition. Bei der Kavallerie wurde Stallhygiene nämlich auch ganz groß geschrieben und wehe dem zum Stalldienst eingesetzten Soldaten, der beim Schlampern erwischt wurde! Dabei ging es aber nicht nur um preußische Ordnung, sondern vor allem um das Wohlbefinden der Pferde. Das beginnt beim gefegten Stallgang, geht über eine saubere Futterkammer zu einer gereinigten Krippe und endet noch nicht bei der Einstreu. Die allerdings ist sehr wichtig. So schrieb Friedrich Beck 1878: „Die Wichtigkeit einer guten Streu wird vielfach verkannt; es steht jedoch fest, dass, mag man ein Pferd noch so gut pflegen, es ohne ein gutes Lager nie in den Vollbesitz seiner Kräfte gelangen wird. Kein Futter ist imstande, dem Pferd die Wohltat einer reinlichen und reichlichen Streu zu ersetzen."[13]

Wer schon einmal erlebt hat, mit wie viel Wohlbehagen sich ein Pferd in der frisch eingestreuten Box wälzt, wird Herrn Beck bestimmt nicht widersprechen wollen. Die „reinliche und reichliche Einstreu" ist zudem ein gutes Unterhaltungsprogramm für Pferde. Die sind nun mal von Mutter Natur auf Dauerfressen programmiert, deswegen wirkt reichlich Stroh als Raufutter beruhigend auf sie und ihre empfindlichen Mägen. Daher sollte man sich wirklich gut überlegen, ob man ein Pferd auf Sägespäne stellt. Und wenn ja, muss man auf jeden Fall fünf Mal am Tag Heu füttern. Leere Pferdemägen werden von der eigenen Magensäure angegriffen. Dagegen hilft nur ausreichend Raufutter.

◄ Links: Um Staubentwicklung zu vermeiden, wird der Stallgang vor dem Fegen befeuchtet. Rechts: Trockene, saubere Einstreu schützt vor Mauke und Strahlfäule.

Ein beim Thema „Stallhygiene" viel zu oft vernachlässigtes Thema sind die Futterkrippen. In fast allen alten Ställen waren sie aus Stein und üblicherweise an der Wand angebracht. Der meist auf Glanz polierte Stein hatte den großen Vorteil, sehr pflegeleicht zu sein. Einmal mit einem feuchten Lappen durchwischen und die Krippe war sauber, dabei bot der kalte Stein nur wenig Nährboden für Bakterien.

Inzwischen werden die Steinkrippen meist nicht mehr benutzt, weil sie beim Füttern Mehrarbeit verursachen. Sie sind häufig hinten an der Boxenwand angebracht, also muss man die Tür öffnen, hineingehen, die Krippe füllen, die Box wieder verlassen und die Tür schließen. Heute werden meist Futterkrippen aus Metall oder Kunststoff verwendet, die vorne an der Box angebracht sind, sodass vom Stallgang aus gefüttert werden kann.

Es scheint effizienter – auf den ersten Blick. Auf den zweiten aber sollte man einmal überlegen, ob es wirklich sinnvoll und zeitsparend ist. Eigentlich sollte nämlich bei jedem Füttern die Selbsttränke kontrolliert und, wenn nötig, gesäubert werden. Selbsttränken sind aber üblicherweise an der hinteren Boxenwand, also muss man ohnehin die Tür öffnen, hineingehen, die Tränke kontrollieren und

so weiter. Das ließe sich mit dem Füttern in der Steinkrippe verbinden. Und man hätte den Vorteil, dass Selbsttränken wirklich regelmäßig kontrolliert werden.

Aber bitte mit Wasser!

Zur Stallhygiene gehören neben dem Säubern von Krippe, Box und Selbsttränke natürlich auch Stallgasse, Futterkammer und die Decke des Stalls. Bei den Preußen gab es dafür einen Putzplan, der akribisch abgearbeitet wurde und nach dem die Stallgänge mindestens zwei Mal am Tag gefegt und der Rest des Stalles einmal in der Woche geputzt wurde. Was den Stallgang anging, gab's sogar eine Dienstanweisung, die Peter Spohr so beschrieb: „Vor dem Ausfegen der Stallgasse aber empfiehlt sich deren Besprengung mit Wasser, damit alles Aufwirbeln von Staub in der Luft vermieden werden kann."[14] Und dass das selbstverständlich auch für Paddocks, den Vorplatz des Stalls und die Putzplatte so gehört, muss wohl nicht extra erwähnt werden.

Doch mit den Spinnweben im Stall ist es so eine Sache. Auf der einen Seite fangen die Spinnen in ihren Netzen lästige Fliegen, auf der anderen Seite sind die Netze Staubfänger, erhöhen die Brandgefahr und sehen ungepflegt aus. Also weg damit, wann immer sie überhand nehmen! Doch bitte verschonen Sie dabei die Schwalbennester! Die alten Pferdeleute hatten mit ihrem Glauben, dass Schwalben im Stall Glück bringen, nämlich gar nicht so Unrecht. Schwalben – vor allem, wenn sie Junge großziehen – leben bekanntlich davon, dass sie Insekten aller Art fressen. Dabei staunt man über die Mengen, die die Winzlinge vernichten. Gehen Sie davon aus, dass Schwalbeneltern ungefähr das Doppelte ihres Körpergewichts an einem Tag fangen, verfüttern und fressen – und wenn vier, fünf Schwalbenpaare in einem Stall brüten, macht das erheblich etwas aus.

► *Alte Steinkrippen sind zwar etwas arbeitsaufwändiger, aber dafür gut zu pflegen und sauber zu halten.*

Balduin, der Stallkater oder: Ohne Mieze geht nichts.

Er war ein ebenso würdiger wie attraktiver Herr. In elegante grau-schwarze Streifen gewandet und mit einer weißen Maske im Gesicht, schritt er, ganz im Bewusstsein seiner Würde, durch den Stallgang. Balduin war der Chef im Ring – und er wusste es. Er lebte in einer Wohngemeinschaft mit Schimmel Charly in der linken Eckbox, schlief gerne auf dem Rücken seines großen Freundes und sorgte ansonsten dafür, dass Mäuse und Ratten in seinem Stall keine Chance hatten. Dazu hielt er sich ungefähr ein halbes Dutzend samtpfötiger Mitarbeiter vorwiegend weiblichen Geschlechts. Die durften im Heu schlafen und an seinem Futter partizipieren.

So konnte man morgens Balduin und seine Katzenbande im Gang vor der Futterküche sehen. Da standen nämlich die Futternäpfe, aus denen sie sich ihr Frühstück in Form von Dosenfutter einverleibten. Darin folgten wir übrigens dem Rat eines alten Stallmeisters. Der hatte sich offenkundig nicht nur mit Pferden, sondern auch mit Katzen intensiv beschäftigt und dabei entdeckt, dass bei Katzen der Jagdtrieb vom Hunger unabhängig ist. Katzen jagen auch, wenn sie gerade gefressen haben und pappsatt sind. Der Stallmeister sah sogar noch mehr: Wohlgenährte, fitte Katzen jagen besser als magere, hungrige Streuner!

Je gesünder die Katz', desto höher ihr Jagderfolg. Eine fitte Katze schafft es, bis zu einem Dutzend Mäuse am Tag zu erlegen und sie vertreibt Ratten schon aus purer Freude an der Jagd. Insofern kann man die Wirkung der Stallkatzen auf die Gesundheit der Pferde – und letztlich auch der Menschen – nicht hoch genug einschätzen. Mäuse und Ratten übertragen nämlich diverse Zoonosen. Dementsprechend sollte man den Stallkatzen regelmäßige Impfungen und Wurmkuren gönnen und sie natürlich kastrieren lassen. Schließlich will man nicht mit Katzen überrannt werden.

Ganz in weiß – Stalleinrichtung bei der Kavallerie

Die alten Ställe der Kavallerie sind größtenteils verschwunden – abgerissen, umgebaut, in eine Garage für Militärfahrzeuge verwandelt. Dennoch können wir uns vorstellen, wie es in den Kasernen für die Vierbeiner ausgesehen hat, denn sie sind in manchem Buch beschrieben. Eines der bekanntesten dürfte wohl Clemens Laars „Meines Vaters Pferde" sein, heute leider nur noch antiquarisch zu bekommen. Darin findet sich eine Szene, in welcher der Protagonist nachts sein Pferd im Ständer besucht und man meint, beim Lesen neben ihm durch den langen, weiß gekalkten Stallgang zu gehen und das leise Klicken der Absätze auf dem Pflaster zu hören. Links und rechts davon waren Ständer, meist immer zwei zusammengefasst, wobei die beiden

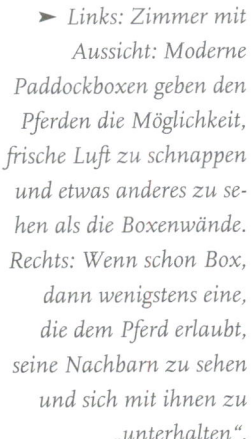

➤ *Links: Zimmer mit Aussicht: Moderne Paddockboxen geben den Pferden die Möglichkeit, frische Luft zu schnappen und etwas anderes zu sehen als die Boxenwände. Rechts: Wenn schon Box, dann wenigstens eine, die dem Pferd erlaubt, seine Nachbarn zu sehen und sich mit ihnen zu „unterhalten".*

Pferde darin durch eine an Ketten hängende Stange in Hüfthöhe getrennt waren. Der Vorteil dieser Doppelständer war, dass die Pferde sich darin legen konnten, ohne in Gefahr zu sein, sich an den Wänden auf beiden Seiten einzuklemmen.

Festliegen geschah früher öfter als heute, was hauptsächlich dadurch verursacht wurde, dass die Ständerställe auch dann, wenn sie mit Doppelständern bestückt waren, deutlich enger waren als unsere modernen Boxen. Deswegen gab es überall in den großen Ställen über Nacht Stallwachen. Festliegen kann ein Pferd nämlich umbringen, wenn es nicht schnell Hilfe bekommt.

Heute passiert Festliegen meist, wenn ein Pferd ungeschickt in seiner Box liegt, sich dreht und dann mit angezogenen Beinen an der Boxenwand anstößt. Dann kann es weder den Schwung zum Zurückdrehen holen noch aufstehen – dazu müsste es ja die Beine strecken können. Die Situation, die sich dann ergibt, ist für das Fluchttier Pferd der pure Stress. Puls und Blutdruck steigen, der Adrenalinspiegel im Blut wird immer höher. Das Pferd bekommt Panik – und wenn nun keine Hilfe kommt, kann das überforderte Pferdeherz früher

oder später versagen. Heute passiert das übrigens nicht mehr oft im Stall, sondern eher beim Laufenlassen in der Halle.

Immerhin hatten unsere Altvorderen eine Methode, wie man einem festliegenden Pferd schnell helfen konnte. Der erste Schritt: Ein Helfer setzt oder legt sich über den Hals des Pferdes und hält ihm das oben liegende Auge zu. Pferde können nämlich nicht strampeln oder versuchen, aufzustehen, wenn ihr Kopf am Boden ist. Und die Hand über dem Auge trägt zur Beruhigung bei.

Unterdessen greifen die anderen Helfer zu – und sie sollten dabei nicht zimperlich sein! Ein festliegendes Pferd ist in Lebensgefahr. Darum muss man es so schnell wie möglich von der Wand wegziehen – und dazu muss man nun einmal richtig zufassen! Ist das Pferd dann wieder auf den Beinen, sollte man es allerdings nicht gleich wieder alleine lassen. Decke drauf – meist sind die Vierbeiner im Stress nämlich ins Schwitzen gekommen, Führstrick ans Halfter und ein paar Schritte spazieren gehen. Und wenn sich dann, nachdem das Pferd sich beruhigt hat, eine Gelegenheit zum Wälzen findet, ist alles wieder gut.

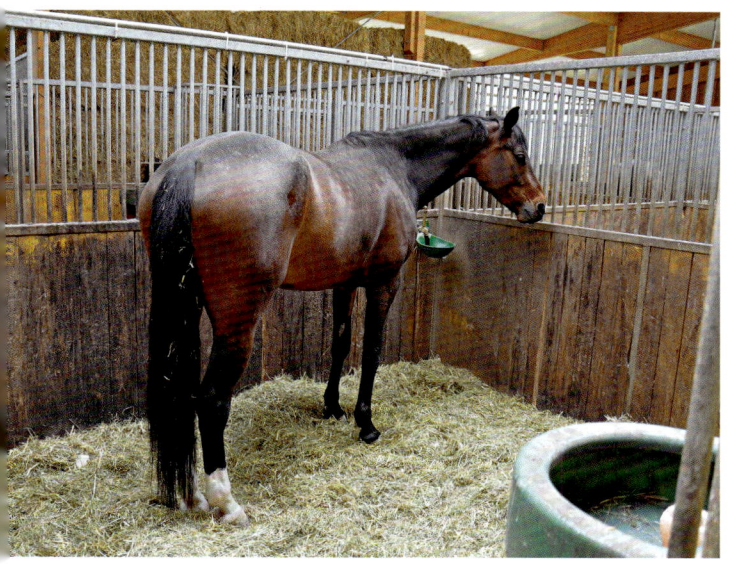

Fenster, sondern möglichst eine Paddockbox. Das ist gut gemeint, aber nicht in allen Fällen gut gemacht. Die meisten Pferde genießen es, wenigstens als Zuschauer am Leben rund um den Stall teilnehmen zu dürfen. Aber es gibt auch die nervigen Typen, denen es auf den Wecker geht, dass sie nur gucken, aber nicht mitmachen dürfen. Die machen dann Rabbatz und auf Dauer kann die Aufregung auch in Weben umschlagen. Darum empfiehlt es sich, die Pferde in Fenster- und Paddockboxen vor allem am Anfang zu beobachten. Stellt man dabei fest, dass eines sich zu sehr aufregt: Fenster und/oder Tür zu und notfalls mit einer lichtdurchlässigen, aber undurchsichtigen Folie abkleben.

Doch zurück in den Stall des Kavallerieregimentes und dem Hall, den unsere Schritte auf dem Boden erzeugen. Der war meist gepflastert – was den Vorteil hatte, dass er gut zu reinigen und sehr belastbar war. Der Nachteil war allerdings, dass das Pflaster schlüpfrig wurde, wenn es naß war. Daher hat man heute gerne Böden aus strapazierfähigen Gummimatten oder mit einer Gummibeschichtung, die rutschfest, aber dennoch leicht zu säubern sind.

Einen der wichtigsten Tipps zur Einrichtung des Stalls hatten wir vorher schon: Im Stall sollte man mühelos lesen können. Pferdelungen sind nämlich extrem empfindlich und vertragen dicke Luft überhaupt nicht. Wenn es im Stall nach Ammoniak riecht, ist das ein Zeichen dafür, dass nicht ausreichend gelüftet (und gemistet) wird. Dann kann der Stallbesitzer überlegen, ob er lieber einmal in den Einbau von mehr Fenstern und Oberlichtern investiert oder immer wieder Tierarztrechnungen für seine dämpfigen Pferde bezahlen möchte.

Mit Fenstern im Stall ist es allerdings so eine Sache. Wir können heute nicht genug davon bekommen und gönnen unseren Pferden nicht nur

Koppen und Weben – die so genannten „Untugenden"

In der „Kaiserlichen Verordnung betreffend die Hauptmängel und Gewährfristen beim Viehhandel" von 1899 (die immerhin bis 2002 in Kraft war, auch wenn sie da schon lange nicht mehr „kaiserliche Verordnung" hieß) wurden sechs „Krankheiten" benannt, deren Entdeckung innerhalb von 14 Tagen nach einem Pferdekauf den Vertrag ungültig machte. Eine davon war das Koppen.

Beim Koppen öffnet das Pferd durch Anspannen der unteren Halsmuskulatur den Schlundkopf, um Luft in die Speiseröhre einströmen zu lassen. Dabei entsteht ein Geräusch, das klingt wie das Rülpsen eines Menschen.

Das Geräusch muss den Pferdeleuten früherer Tage unglaublich auf die Nerven gefallen sein, was vermutlich daran lag, dass man früher fest davon überzeugt war, dass Koppen Koliken verursache. Dabei scheint man allerdings Ursache und Wirkung verwechselt zu haben. Heute weiß man, dass Koppen keine Koliken auslöst, dass aber das, was ein Pferd zum Kopper macht, oft mit einer Anfälligkeit für Koliken Hand in Hand geht.

Außerdem glaubte man früher, dass Koppen „ansteckend" sei. In dem Zusammenhang fällt mir ein Erlebnis mit dem großen Reitmeister George Theodorescu (1925–2007) ein. Ich ritt damals ein Pferd, das er ausgebildet hatte und sehr mochte, obwohl (oder weil?) der Junge ein Sorgenkind war. Unter anderem koppte er – und das wiederum gefiel der Besitzerin seines neuen Boxennachbarn überhaupt nicht. Sie meckerte ständig und so nutzte ich meine Chance, als George Theodorescu zu einem Lehrgang bei uns war. In Anwesenheit der Nachbarin fragte ich: „Herr Theodorescu, Frau X macht sich Sorgen, weil Robin koppt. Glauben Sie, ihr Fuchs könnte es sich von ihm abgucken?"

„Wenn er intelligent genug ist?", kam die Antwort nach einem kritischen Blick auf den Fuchs. Und dann erzählte er, dass bei ihm zuhause auf seinem Lindenhof bei Warendorf ein großer Teil der Pferde aus ihrer Paddockbox heraus den ganzen Tag auf den viel genutzten Reitplatz sehe. „Aber glauben Sie, da hätte sich schon einmal einer Pi und Pa abgeguckt?"

Allerdings war daran, was die alten Pferdeleute bezüglich der „Ansteckung" des Koppens glaubten, doch etwas dran. Es ist sicher nicht so, dass ein Pferd sich das Koppen von anderen abschaut, aber in einem Stall, in dem einer koppt, sind auch andere gefährdet – wenn sie intelligent genug sind, um noch einmal George Theodorescus Gedanken aufzunehmen. Tatsächlich sind es nämlich meist die gescheiten, interessierten Pferde, die auf diese Gewohnheit verfallen – wenn sie sich zu sehr langweilen. Koppen ist eine Reaktion auf schlechte Haltungsbedingungen, und die treffen ja üblicherweise nicht nur ein Pferd in einem Stall.

Auf das Koppen kommen Pferde, wenn sie vor lauter Langeweile nicht mehr wissen, was sie mit sich anfangen sollen. Irgendwann entdecken sie dann, dass sie durch Aufsetzen der Zähne auf den Rand der Futterkrippe oder Tür das Koppen auslösen können. Dabei, so hat man mittlerweile festgestellt, wird ein Hormon ausgestoßen, das beruhigt und glücklich macht. Kopper sind also – im übertragenen Sinne – Pferde, sie sich ab und zu mal einen Hormonschuss verpassen, um mit ihrer miesen Realität besser zurechtzukommen. Der Haken ist nur, dass Koppen „süchtig" macht. Hat es sich ein Pferd erst einmal angewöhnt, hilft es meist auch nicht mehr, die Haltung zu optimieren. Bei dem schon erwähnten Robin und dem blitzgescheiten Pony einer Freundin ging es schließlich sogar so weit, dass sie, wenn man sie nach dem Reiten in der Halle zum Wälzen von der Leine ließ, erst einmal zur Bande rannten und eine Runde koppten.

Schaut man sich aber einmal an, wie die Pferdeleute in früheren Zeiten versuchten, ihren Vierbeinern das Koppen abzugewöhnen, bekommt man Gänsehaut. Das Anti-Kopper-Waffenarsenal reichte vom Kopperriemen über Stacheldraht an der Krip-

▼ Wenn ein Pferd einmal angefangen hat, zu koppen, kann man es ihm kaum noch abgewöhnen. Auch ein Kopperriemen bringt nichts.

pe bis zu einer Operation – und alles nützte nichts! Den Pferden mit einem Riemen fast den Hals abzuschnüren, in der Annahme, dass sie dann die Muskulatur nicht mehr zum Koppen anspannen könnten – vergebens. Entsprechend behandelte Pferde fühlten sich noch unglücklicher als zuvor, also koppten sie verstärkt und ungeachtet des Kopperriemens.

Andere Koppbekämpfer kamen auf die Idee, den Rand der Krippe und alles andere, worauf das Pferd die Zähne zum Koppen aufsetzen konnte, mit Stacheldraht zu umwickeln oder mit Holzteer einzuschmieren. Die Logik dahinter war: Wenn sie nicht mehr aufsetzen können, können sie auch nicht mehr koppen. Ja, Pustekuchen! Die, die clever genug sind, sich durch Koppen von einer widrigen Umgebung abzugrenzen, sind auch klug genug, sich dann im Freikoppen zu vervollkommnen.

Blieb die Operation, bei der einige Muskeln zerschnitten wurden. Danach haben die Patienten nicht mehr gekoppt, aber sie waren auch sonst eingeschränkt. Und so mancher ging dann an einer Kolik ein, was wiederum als Beweis dafür gesehen wurde, wie schädlich Koppen ist. In den meisten Fällen wurde die Kolik aber wohl durch Magenprobleme ausgelöst, die wiederum entstanden waren, weil das Pferd seinen Frust nicht mehr mit Koppen aufarbeiten konnte.

Was macht man also gegen Koppen? George Theodorescu, der damit hinreichend Erfahrung hatte – eines der Toppferde seiner Tochter hat gekoppt –, sagte: „Weghören! Lass sie doch koppen, wenn sie sich dann besser fühlen." Vor allem bei „chronischen" Koppern ist das wohl der beste Rat. Regen Sie sich nicht auf. Monica Theodorescus Kopper hat jahrelang auf internationalem Niveau Dressuren gewonnen und danach und davor gekoppt. Er wurde steinalt – und koppte auch noch als Rentner auf der Koppel. Was soll's also? Dem allfälligen, dummen Geschwätz im Stall begegnet man am besten mit einem „tja, ist halt so" und schafft sich ein dickes Fell an.

◄ Ein webendes Pferd in der Box anzubinden, ist gefährlich. Irgendwann wird es versuchen, das Halfter oder die Kette zu zerreißen. Dabei kann es sich verletzen.

Bei Pferden, die gerade anfangen, zu koppen, können Sie allerdings noch etwas machen: Geben Sie ihnen Beschäftigung und schalten Sie Frustfaktoren aus. Ein Boxennachbar, mit dem sich der Vierbeiner nicht verträgt? Dagegen hilft Umstellen oder ein Sichtschutz. Es wird nur dreimal am Tag gefüttert und dazwischen herrscht totale Langeweile? Sorgen Sie dafür, dass Ihr Pferd öfter wenigstens etwas zu knabbern bekommt – Pferde sind bekanntlich Dauerfresser, also sollten sie so oft wie möglich kleine Portionen bekommen.

Langeweile ist ganz oft die Ursache für Koppen. Stehen Sie doch einmal 23 Stunden am Tag auf ein paar Quadratmetern herum und schauen Sie sich

Luft und ein paar Sprünge sind gesund für sie. Denken Sie an Michael Jung, nicht umsonst einer der erfolgreichsten Reiter unserer Zeit! Zwei olympische Goldmedaillen in der Vielseitigkeit, Siege in S-Springen und Dressuren – dahinter steht vielseitige Ausbildung und dadurch hochmotivierte, zufriedene Pferde. Und wenn Sie es selbst nicht schaffen, zweimal am Tag in den Stall zu gehen, suchen Sie sich eine Reitbeteiligung oder einen Stall, in dem die Pferde auch im Winter herauskommen. Verbringen Sie Zeit mit Ihrem Pferd – nicht nur zum Reiten!

Binden Sie Ihre Pferde in Ihr Leben ein. Ich habe das vorbildlich im Vielseitigkeitsstall einer Freundin erlebt. Dort stehen ein Tisch, eine Bank und ein paar Stühle in einer Ecke. Dort wird Kaffee getrunken, ausgeruht, gelesen, der zweibeinige Nachwuchs macht Hausaufgaben, ich habe dort schon korrigiert und geschrieben. Den Pferden gefällt's. Sie haben Gesellschaft, ab und zu mal fällt ein Keks für sie ab und sie haben etwas zu gucken.

Alles gegen Langeweile – wobei der Satz auch für webende Pferde gilt.

Beim Weben tritt das Pferd abwechselnd von einem Vorderbein zum anderen, der Kopf pendelt in einer webenden Bewegung hin und her – daher der Name. Im Gegensatz zum Koppen hat Weben wirklich negative Langzeitfolgen. Auch die härtesten Vollblutbeine – und es sind sehr oft Blüter, die weben – halten das nicht auf Dauer aus.

Das wussten natürlich auch schon die Pferdeleute vergangener Tage. Ihre Bücher sind voll von Tipps, was man dagegen unternehmen kann. So schrieb zum Beispiel Alexander von Keller: „Man schnalle dem Pferd um jede Fessel – diese sind also nicht miteinander verbunden – einen Riemen, worauf eine oder zwei Schellen befestigt sind. Das nun beim Leineweben entstehende Geklingel wird dem Pferd so zuwider, dass es dasselbe bald einstellt."[15]

Bei allem Respekt für das Wissen und Können der alten Reiter: Die Methode würde ich nicht empfehlen. Zum einen könnte sie bei einem schreck-

▲ *Die beste Möglichkeit, ein Pferd vom Koppen oder Weben abzuhalten, ist Unterhaltung. Lassen Sie keine Langeweile aufkommen und nehmen Sie ausführliches Spielen und Schmusen ins Programm für Ihren Vierbeiner auf.*

die Wände an! Hier sind Sie als Entertainer fürs Pferd gefragt. Sorgen Sie dafür, dass sein Leben abwechslungsreich und unterhaltsam wird. Das beginnt beim Arbeitsprogramm. Jeden Tag dieselben Lektionen nach demselben Schema stumpfen ab. Nutzen Sie die Möglichkeiten: Ausritte, Longieren, Cavaletti-Arbeit, Handarbeit, Freispringen, Frei laufen, Spazieren gehen an der Hand – es ist vollkommen egal, für welche Disziplin Sie Ihr Pferd trainieren! Auch Dressurpferde brauchen frische haften Pferd dazu führen, dass es in der Box explodiert und sich verletzt, zum anderen nervt das Gebimmel nicht nur den Weber, sondern auch seine Stallgefährten.

Anderen Autoren fällt leider auch nicht viel Gescheiteres ein. Der eine empfiehlt, den Webern die Beine zusammenzubinden – ebenfalls eine unfallträchtige Idee. Ein dritter meint, man solle dem Pferd an der Stelle, an der es meist mit dem Kopf stehe, zwei stabile Holzklötze so aufhängen, dass sie beim Weben in Bewegung versetzt werden, aneinander stoßen und das Pferd so erschrecken, dass es mit der Unart aufhört.

Aus der Vielzahl der Tipps kann man schon erkennen, dass die Herren nicht wirklich wussten,

wie das Problem gelöst werden kann. Das hat sich bis heute nicht geändert. Es gibt kein Patentrezept gegen das Weben. Die einzig sinnvolle Maßnahme dagegen ist vermutlich, den Anfängen zu wehren. Dazu muss man erst einmal Ursachenforschung betreiben – und dann kommt man drauf: Weben ist eine sogenannte „Übersprungshandlung". So nennen es Verhaltensforscher, wenn ein Tier einen starken Handlungsimpuls empfängt, den aber aus irgendwelchen Gründen nicht umsetzen kann und dann stattdessen etwas anderes tut.

Dahinter steckt ein Schutzmechanismus des Körpers: Beim Empfang eines Handlungsimpulses wird Adrenalin ausgestoßen. Es ist so etwas wie der Turbo, der schnelle Bewegung möglich macht. Durch die Bewegung wird dann das Adrenalin im Körper wieder abgebaut. Wenn aber keine Bewegung erfolgen kann, sammelt sich das Adrenalin und schädigt den Körper. Die Übersprungshandlung ist also eine Art „Überdruckventil". Weben mit diesem Wissen erklärt: Es ist die Übersprungshandlung für nicht auszulebenden Bewegungsdrang.

Eine typische Situation, die Weben auslösen kann, hat man bei einem lebhaften, intelligenten Pferd, das zu wenig beschäftigt wird und dann noch in einer Fensterbox neben einem belebten Hof oder gar mit Blick auf den Reitplatz steht. Da sieht und hört es nun den ganzen Tag, wie andere Pferde sich bewegen. Es möchte mitmachen, es möchte Kontakt aufnehmen, kann aber nicht, weil es ja in seiner Box eingesperrt ist. So wird aus dem aufgestauten Bewegungsdrang das Stereotyp Weben. Das beruhigt – es wird ja Adrenalin abgebaut. Und so wird ganz schnell eine Gewohnheit daraus, die schließlich keines großen Anstoßes mehr bedarf. Ein bisschen Ungeduld wie zum Beispiel beim morgendlichen Warten aufs Futter, das Rufen eines befreundeten Pferdes, ein wenig Langeweile – und schon webt das Pferd. Ist es dann erst einmal richtig eingeschliffen, weben betroffene Pferde sogar auf der Koppel. Dann ist wirklich nichts mehr zu retten.

◄ *Ein Fenster in der Box kann eine wunderbare Unterhaltungsmöglichkeit sein. Es kann aber auch dazu führen, dass das Pferd sich aufregt. Also beobachten Sie, wie das Ihre auf ein Fenster reagiert.*

Wie kann man also die Auslöser vermeiden? Ich denke, man muss sich dafür erst einmal mit dem Thema „Langeweile im Stall" auseinandersetzen.

Langeweile –
absoluter Stress fürs Pferd

Was macht so ein Pferd eigentlich den ganzen Tag, wenn ihm nicht der Mensch das Programm vorgibt? Erstaunlicherweise hat das noch niemand erforscht. Es gibt nämlich einfach zu wenig Wildpferde, an denen Verhaltensforscher Langzeitstudien betreiben könnten.

Andererseits wissen wir ja doch eine ganze Menge über Equiden und so können wir mit hoher Wahrscheinlichkeit spekulieren: Im Vergleich zu uns oder anderen Spezies schlafen Pferde relativ wenig. Löwen zum Beispiel verpennen 14 bis 16 Stunden des Tages. Pferde dagegen kommen mit drei, vier Stunden aus, die sich auf mehrere Ruheperioden verteilen. Pferde legen sich nämlich nur dann nieder, wenn sie sich absolut sicher fühlen. Sie können aber nur im Liegen schlafen. Wenn das nicht klappt, dösen sie eben im Stehen. Und selbst wenn sie zum Liegen und Schlafen kommen – so circa zwei Stunden am Tag verdösen sie immer. Damit sind sechs Stunden am Tag ausgefüllt – und was passiert in den restlichen 18?

Ganz wichtig ist natürlich die Suche nach Wasser und Futter. Pferde sind bekanntlich Steppentiere, in ihrem natürlichen Habitat gibt es nicht überall Wasser. Rechnen wir also, dass freie Pferde drei Stunden am Tag damit verbringen, zur Tränke und von dort aus zurück zu ihren Futtergründen zu marschieren. An der Tränke hält man sich als Pferd am besten nicht lange auf. Dort lauern nämlich nicht nur diverse Fressfeinde, sondern auch Nahrungskonkurrenten.

Nun ist aber auf der Steppe das Angebot an nahrhaftem Grünzeug selten an einer Stelle so groß, dass das Pferd sich da auf einen Satz den Bauch vollschlagen könnte. Es würde ihm auch nicht bekommen. Pferde sind nämlich darauf eingerichtet, über den Tag verteilt unzählige kleine Portionen zu fressen. Man kann daher davon ausgehen, dass Pferde 12 bis 15 Stunden am Tag mit Futtersuche und Fressen verbringen.

Dadurch bleibt nur noch ein relativ kleines Zeitfenster, den das Pferd mit dem füllt, was Verhaltensforscher „soziale Interaktion" nennen. Da wird um die Rangfolge in der Herde gekabbelt – bei Stuten nicht zu sehr und eher subtil, innerhalb der Junggesellenverbände durchaus mit einigem Temperament und Nachdruck. Es gibt aber auch das Gegenteil – Zärtlichkeit untereinander. Fellchenkraulen – das Spiel, bei dem man sich auf Tuchfühlung gegenüber steht und einer des anderen Halskamm und Widerrist beknabbert – wird nicht nur von Fohlen gerne ausgeübt, sondern auch von Müttern und Kindern und Freunden untereinander.

Wenn wir den Tagesplan auf unsere Boxenpferde übertragen, kommt heraus, dass sie vermutlich mehr als ihre freien Artgenossen schlafen. Nehmen wir mal sechs Stunden dafür an. Futtersuche ist bei ihnen nicht nötig, es wird serviert. Doch selbst in den Ställen, in denen es fünf Mal am Tag etwas zu fressen gibt – viel mehr als eine Stunde pro Fütterung werden es wohl nicht. Soziale Interaktion ist im Boxenstall nicht möglich, aber immerhin gibt es ja noch Menschen. Wenn unser Beispielpferd Glück hat, beschäftigt sich sein Mensch zwei Stunden pro Tag mit ihm. Dennoch hat unser Pferd dann noch 11 Stunden, in denen es absolut nichts zu tun hat.

Farbe im Stall

Unsere Vorfahren hatten es leichter: Sie gingen größtenteils davon aus, dass Pferde sowieso keine Farben sehen, und zerbrachen sich darum nicht den Kopf über die Farbgestaltung im Stall. Die Wände wurden weiß gekalkt, Zwischenwände und Türen waren aus Holz, das eingelassen wurde, dabei aber seine Naturfarbe behielt, und wenn Metall verbaut wurde, blieb es entweder bei der Farbe, in der das Teil aus der Schmiede gekommen war, und es gab einen Rostschutzanstrich – fertig.

Heute ist klar: Pferde sehen sehr wohl Farben. Sie sehen sie vielleicht ein bisschen anders als wir, aber ihre Welt ist keinesfalls schwarz-weiß. Dennoch würden wir mit der Stall-Farbgestaltung unserer Altvorderen nicht daneben liegen. Mit Weiß und gedeckten Tönen ist man auf jeden Fall richtig. Sollte Ihnen das aber zu langweilig sein, müssen Sie sich ein paar Gedanken machen. Für Pferde haben Farben nämlich durchaus Aussagekraft. Darum sollten Sie Rot im Stall vermeiden. Rot kommt in der Natur nicht auf größeren Flächen vor, jedenfalls nicht in den Gegenden, in denen Pferde heimisch sind. Also ist Rot die „Warnfarbe", die für „hier ist etwas nicht in Ordnung" steht. Blau ist ebenfalls keine optimale Wahl. Blau können Pferde nämlich nicht besonders gut sehen. Dafür mögen sie Grün und alle Naturtöne – und damit müsste sich in der Farbgestaltung doch etwas anfangen lassen, oder?

Langeweile ist aber ein Stressfaktor. Jeder, der schon einmal Zeit absitzen musste, ohne sich Ablenkungen gönnen zu können, kann davon ein Liedchen singen.

Was kann man dagegen unternehmen? Die meisten Pferdehalter sind zu sehr damit beschäftigt, den Hafer für ihre Vierbeiner zu verdienen, als dass sie auch noch das große Ross-Beschäftigungs-Programm durchziehen könnten. Und so wie dereinst die Bauern, die ihre Pferde zur Arbeit mitnehmen konnten, leben auch nur die wenigstens von uns. Wir müssen uns also etwas einfallen lassen, wie die Pferde sich möglichst ohne uns unterhalten können.

Die einfachste Lösung: Sorgen Sie dafür, dass Ihr Vierbeiner so viel wie möglich auf die Koppel kommt. Und wenn irgendwie möglich, sollte das Pferd dabei in der Gesellschaft von Artgenossen sein. Fast jedes Pferd lässt sich – wenn auch manchmal mit etwas Geduld und Spucke – vergesellschaften. Sollte Ihr Ross zu den Wählerischen gehören, stellen Sie immer mal wieder ein anderes Pferd auf die Nachbarkoppel. Irgendwann ist ein passendes dabei, an das sich Ihr Einzelgänger mit der Zeit gewöhnt.

Achten Sie darum bei der Auswahl der Unterbringung fürs Pferd darauf, dass zum Stall nicht nur ausreichend Sommerweiden gehören, sondern dass der Vierbeiner auch im Winterhalbjahr regelmäßig und ausführlich raus darf. Dabei sind übrigens Matschkoppeln nicht optimal. Der alte Stallmeister empfahl für die Winterkoppel Kies in mittlerer Kornstärke. Zu kleine Steine könnten sich ja im Spalt festklemmen, auf zu großen stehen die Pferde nicht gut. Sonst aber ist so eine Lage Kies geradezu optimal: Auf den Steinen werden die Hufe gestärkt; der Kies bleibt selbst in tiefem Winter bei Eis und Schnee einigermaßen rutschsicher. Und ein Laster voll Kies kostet nicht die Welt und wenn die Steine dann nach einem matschigen Winter in den Boden eingetreten sind – was hindert Sie daran, im nächsten Herbst einfach wieder einen Wagen voll Kies zu ordern?

Noch besser ist es allerdings, wenn Sie Ihrem Rösslein nicht nur Koppel satt gönnen können, sondern außerdem Gruppenhaltung. Und das absolute Ideal ist natürlich für die meisten Pferde Gruppenhaltung in einem Aktivstall. Die gibt es noch nicht häufig genug, doch auch hier regiert die Marktwirtschaft: Je mehr Pferdehalter den Aktivstall wollen und dafür zu zahlen bereit sind, desto mehr Betriebe werden umstellen. Dabei lohnt es sich übrigens, für einen Aktivstall etwas mehr zu bezahlen als für eine herkömmliche Box. Das Geld, das Sie dort investieren, sparen Sie über die Jahre an Tierarztkosten.

► Oben: Diese Koniks leben immer noch so frei wie ihre wilden Vorfahren. Mitte: Die Herde geht zur Tränke und während sich die einen am Wasser freuen, passen die anderen auf. Unten: Der Familienhengst meldet laut wiehernd seine Ansprüche an.

Der Speiseplan

Wenn Pferde lesen könnten, wäre das vermutlich ihr Lieblingskapitel im Buch, geht es darin doch um ein Thema, an dem den meisten von ihnen sehr gelegen ist. Ich bin auch davon überzeugt, dass Futter bei der Domestizierung des Pferdes eine wichtige Rolle gespielt hat. Allerdings kann man davon ausgehen, dass die Beziehung zwischen Mensch und Pferd in den Anfängen eher andersherum funktionierte. Altertumsforscher interpretieren einige Höhlenzeichnungen von Pferden so, dass die Tiere gejagt wurden. Sie waren Beutetiere und sie wurden gegessen – wobei das die Menschen dieser Zeit nicht davon abhielt, die Pferde auch als Teil ihrer Naturreligion zu verehren.

Aber wie kamen Pferd und Mensch dann zusammen? Die eingängigste Erklärung ist wohl, dass einmal eine Stute getötet wurde, die ein noch sehr junges Fohlen bei sich hatte. Das Baby tat einem der Jäger leid – und er nahm es mit nach Hause. War es ein Geschenk für seine Kinder oder rührte ihn einfach das stakelige kleine Wesen? Jedenfalls wurde das Fohlen bei den Menschen großgezogen – und dann stellte es sich wohl heraus, dass so ein zahmes Pferd seine Vorteile hat. Wenn's eine Stute war, traf sie wohl irgendwann auf einen wilden Hengst. Elf Monate später gab's Nachwuchs – und vielleicht hatte die Stute dabei so viel Milch, dass für den Menschen auch noch etwas abfiel? Es gibt heute noch Nomadenkulturen, bei denen Stutenmilch in der Ernährung eine wichtige Rolle spielt.

Es muss jedenfalls einen guten Grund gegeben haben, warum Menschen Pferde zu Haustieren gemacht haben – und der Gedanke, dass man sich auf ihren Rücken schwingen und damit seinen Aktionsraum erweitern kann, war es wahrscheinlich noch nicht. Das kam erst später. Da hatten unsere Vorfahren schon angefangen, ihre Pferde zu füttern oder wenigstens dafür zu sorgen, dass sie nahrhafte Weidegründe fanden. Wie das damals ablief, können wir nachvollziehen, wenn wir einen Blick nach Island oder Irland werfen, wo heute noch Pferde frei leben. Die Ponys dort finden auch im Winter ihr Futter, nur manchmal, wenn es über Wochen sehr kalt ist und der Schnee zu hoch liegt, füttern die Bauern zu.

Allerdings haben sowohl die Isländer als auch die Farmer in Connemara immer ein paar Pferde daheim im Stall, nämlich die, die sie reiten oder bei der Arbeit nutzen. Das werden wohl auch schon die Bauern in der Frühzeit – erinnern wir uns daran, dass zum Beispiel in der Sredni Stog Kultur am Dnjepr schon 3000 v. Chr. Pferde gehalten und geritten wurden – so gemacht haben. Wenn man aber bedenkt, wie knapp Nahrungsmittel damals waren und dass auch das Sammeln und Einlagern von Heu und Stroh Zeit und Mühe kostete (Zeit und Energie, die man auch für das Sammeln von Beeren oder sonst etwas für die eigenen Vorräte hätte einsetzen können), wird einem klar, welchen Stellenwert Pferde schon damals hatten.

Irgendwann lernten die Menschen, Getreide anzubauen. Und dann kamen sie noch darauf, dass ein Pferd, das nicht nur von Gras lebt, sondern zusätzlich mit Getreide gefüttert wird, fitter ist und bei der Arbeit länger durchhält.

Klingt alles schrecklich pragmatisch und nach einem reinen Kosten-Nutzen-Verhältnis zum Pferd – und da wird uns, die wir das Pferd als Freizeitkamerad halten und als Freund sehen,

▲ *Links: Icks – Ast*
schmeckt nicht!
Mitte: Und jetzt piekst er
und ich komme nicht an
das gute, frische Gras!
Rechts: Alles doof hier.
Ich geh' zurück zu
meiner Mama!

unbehaglich. Man muss aber bei der Bewertung unserer Vorfahren immer berücksichtigen, dass es in früheren Zeiten ungleich schwieriger war als heute, den Lebensunterhalt zu erwerben. Wir leben in einem Sozialstaat, in dem die Erfüllung der Grundbedürfnisse garantiert ist. Aber in früheren Zeiten konnte schon eine Missernte Hunger und sogar Tod für die Familie bedeuten. Und wer ernsthaft krank wurde, musste von anderen mitgezogen werden oder er kam um.

Die oft sentimentale Tierliebe, die in unseren Zeiten seltsame Blüten treibt, konnten sich die Altvorderen nicht leisten. Das schloss aber bestimmt nicht aus, dass diese Menschen ihre Pferde schätzten und ihnen eng verbunden waren. Für mich steht das außer Zweifel. Vielleicht waren Leute wie mein Urgroßvater sogar näher an ihren Pferden als wir heute? Ich erinnere mich aus Kindertagen, dass es ein Foto von seinen schweren Belgiern gab, auf dem er stolz neben ihnen stand – und wenn man bedenkt, mit welchem Aufwand fotografieren damals verbunden war, erkennt man daran, welchen Stellenwert die Pferde für meinen Urgroßvater hatten.

In Sachen Fütterung: Die Alten hatten es leichter

Fütterung ist eine Wissenschaft für sich und selbst im Zeitalter der Software zur Rationsberechnung und der Blutanalyse zur Bedarfsbestimmung braucht es Sorgfalt und Erfahrung. Pferde sind nämlich weit davon entfernt, eine „Rossnatur" zu haben. Das fängt beim Magen an, der anfällig für Geschwüre ist, und hört noch nicht bei der Eiweiß-Empfindlichkeit des Verdauungssystems auf.

Genau diesbezüglich hatten es die Vorfahren beider Fütterung einfacher. Obwohl schon die Minoer um ca. 3000 v. Chr. wussten, dass man aus dem Boden bessere Erträge herausholen kann, wenn man ihm bestimmte Substanzen immer wieder zuführt, war Düngung für Jahrtausende ein Problem. Die Minoer sammelten tierische und menschliche Fäkalien, um sie aufs Feld zu bringen. Die Römer dann entdeckten, dass kohlensaurer Kalk und Mergel auf den Feldern den Ertrag steigert.

Doch über Jahrhunderte war es vorwiegend Mist, der als Dünger diente. Mist war aber nicht

allem, wenn sie über den Winter zur Arbeit, zum Beispiel im Wald oder zum Eisholen, eingesetzt wurden. Und überhaupt mussten die Pferde einigermaßen bei Kräften bleiben, denn mit ihnen musste man ja im Frühling aufs Feld.

Kühe wurden knapper gehalten. Christian Graf von Krockow beschrieb in „Die Reise nach Pom-

unbeschränkt verfügbar, obwohl die ausgebrachte Menge der Hauptfaktor für den Ertrag eines landwirtschaftlichen Betriebes war. Doch zur Produktion von Dünger brauchte es Tiere, die im Winter gefüttert werden mussten. Dazu wiederum benötigte man Raufutter – Heu und Stroh. Heu aber bedarf zum Anbau gewisser Flächen und die müssen zwar nicht die Qualität von Ackerboden haben, aber auf jedem Boden wächst nahrhaftes Gras auch nicht. Oft müssen Wiesen, damit man auf ihnen Futterheu produzieren kann, erst trockengelegt und drainiert werden. Das kostet viel Arbeit, Kraft und Zeit – Ressourcen, die dann anderweitig fehlten. Außerdem muss Heu geerntet, getrocknet, eingebracht und gelagert werden.

Glücklicherweise konnte man das Heu im Winter mit Stroh strecken – und das fiel bei der Getreideernte ja sowieso an. Andererseits hätte man das Stroh aber auch als Heiz-, Isolier- und Baumaterial einsetzen können, insofern war auch diese Ressource nicht unbeschränkt zu haben.

Ein bisschen Kraftfutter – im Fall der Pferde war das entweder Hafer oder Gerste – war für das Überleben der Pferde aber ebenfalls nötig, vor

Etwas zum Spielen und etwas zum Naschen

Der Tierarzt Wilhelm Blendinger war im zweiten Weltkrieg Kavallerieoffizier gewesen und als solcher bei Spähtrupps in Russland eingesetzt. Er war mit seinen Soldaten und Pferden öfter für Tage vorne an der Front unterwegs und vom Nachschub abgeschnitten. Futter für die Pferde trieben seine Männer und er aber immer auf. In der Gegend, in der sie in Russland unterwegs waren, gab es nämlich endlose Birkenwälder. Und Birkenzweige sind, wie Blendinger beschreibt [16], ein Superleckerbissen für Pferde – und dazu noch sehr gesund. Die Blätter sind nahrhaft und enthalten einige Vitamine, in der jungen Rinde, die Pferde ebenfalls mit Wonne fressen, steckt einiges an Mineralien. Birkenzweige haben aber noch einen Vorteil. Pferde können sich stundenlang damit beschäftigen!

Das sollte uns ein bisschen Mühe für die Beschaffung wert sein, wobei man Birkenzweige und oft sogar ganze Jungstämme häufig sogar geschenkt bekommt. Bei uns wachsen Birken ja wie Unkraut, daher muss man sie in Aufforstungen immer wieder entfernen, bevor sie allen anderen Bäumen das Licht und die Nährstoffe wegnehmen. Die Förster können mit dem „Abfall" nichts anfangen, die Birkenüberreste werden meist geschreddert – oder an interessierte Pferdehalter abgegeben. Rufen Sie doch mal im Herbst bei Ihrem Forstamt an! Ebenso sind übrigens Kleingartenanlagen eine gute Bezugsquelle – und da funktioniert dann meist ein Deal: Pferdemist gegen Birken.

Sie müssen die Birken dann nicht einmal klein machen. Je größer, desto mehr zum Knabbern! Ein ganzer Stamm in die Box oder aufs Paddock – und das Pferd ist für die nächsten Tage bestens unterhalten. Irgendwann hat man dann das blanke Holz in der Box. Schnappen Sie es, werfen Sie es in eine trockene Ecke und vergessen Sie es für ein paar Wochen. Danach können Sie es klein machen und haben ideales Holz für das Anzündefeuernest im Kamin oder Kachelofen.

➤ Links: *Kühler Tau auf der morgendlichen Wiese – da schmeckt das frische Gras gleich noch mal so gut. Rechts: Gänseblümchen deuten darauf hin, dass die Wiese gesund und nicht zu nass ist.*

Mögen Sie Walnüsse?

Als ich klein war, bekam ich bei meiner Oma im Sommer immer einen Strauß aufs Fensterbrett: eine Handvoll Zweige von einem Walnussbaum. Großmutter wohnte nämlich an einem Teich und deswegen gab es bei ihr besonders viele Schnaken, die mich anscheinend sehr appetitlich fanden.

Die Nussblätter aber halfen. Die grünen Bestandteile des Walnussbaumes bilden nämlich eine Substanz, die als Insektizid wirkt. Stechfliegen fühlen sich offenkundig schon vom Geruch abgestoßen, deswegen überfliegen sie nicht gerne Nussbäume.

Alte Pferdeleute scheinen das auch gewusst zu haben. Es gibt mehrere Bücher, die den Walnussbaum als idealen Schattenspender für Pferdekoppeln empfehlen. Er wächst schnell, seine Rinde schmeckt Pferden nicht, weswegen sich Verbissschäden in Grenzen halten – und die Nüsse im Herbst sind auch nicht zu verachten.

mern"[17], wie noch in seiner Jugend in den 40er Jahren des vorigen Jahrhunderts die pommerschen Bauern ihre Kühe im Frühjahr an den Schwänzen auf die Weide zogen, weil die ausgehungerten Tiere zu schwach zum Stehen und Gehen waren.

Wer nicht genug zu fressen bekommt, liefert natürlich auch nicht viel Dünger. Und so war es, bevor um 1840 herum der Kunstdünger erfunden und eingeführt wurde, schlichtweg nicht möglich, auch noch die Wiesen zu düngen. Für die Pferdefütterung waren ungedüngte Wiesen jedoch einfacher. Damals wurden die Wiesen im Frühjahr, noch bevor die Tiere ausgetrieben wurden, zum ersten Mal gemäht. Dabei waren diese ungedüngten Weiden oft so mager, dass schon diese erste Mahd als Pferdefutter verwendet werden konnte. Auf jeden Fall aber konnten sich die Pferdehalter damals das mühselige Anweiden sparen. Sie schickten ihre Pferde auf die gemähten Wiesen und fütterten erst noch altes Heu zu. Damit erfolgte der Übergang zwischen Winter- und Frischfütterung langsam und es bestand nicht die Gefahr, dass die Darmbakterien der Pferde durch zu viel Frischfutter überfordert wurden und abstarben. Auch Rehe war damals bei weitem nicht so weit verbreitet wie heute – das Gras von ungedüngten Wiesen enthielt nicht viel Eiweiß.

Außerdem hatten unsere Vorfahren wahrscheinlich weniger Probleme mit Würmern als wir heute. Dafür standen mehrere Faktoren: Die Würmer waren noch nicht so resistent gegen die damals verwendeten Entwurmungsmittel wie unsere heute; die landwirtschaftlichen Betriebe hatten oft mehr Weideflächen, sodass sich weniger Sammelstellen für Kot bildeten. Aber der wohl wichtigste Faktor war, dass die Bauernhöfe damals noch nicht so spezialisiert waren wie heute. Die, die sich Pferde leisten konnten, hatten fast immer auch Rinder – und sie waren natürlich schlau genug, für eine umschichtige Beweidung ihrer Wiesen zu sorgen.

Sie wussten nämlich schon, dass Würmer spezialisiert sind. Normalerweise funktioniert der Lebenskreislauf des Pferdewurmes so, dass sich die Würmer im Darm des Pferdes zur Geschlechtsreife entwickeln. Ihre Larven werden dann mit dem Kot des Pferdes ausgeschieden, landen im Gras, krabbeln an Halmen hoch und warten darauf, bis sie wieder von Pferden gefressen werden. Dann wandern sie durch den Körper ihres Wirts in den Darm, entwickeln sich dort zur Geschlechtsreife – und dann geht das Ganze wieder von vorne los, bis im schlimmsten Fall die Pferde so verwurmt sind, dass sie eingehen.

Mit Rindern kann man dem Teufelskreis ein Ende machen. Die Arten von Würmern, die Pferde

▼ Schichtdienst in der Stutenherde: Zwei Damen haben den Wachdienst übernommen, damit der Rest in Ruhe fressen kann.

befallen, können nämlich im Rind nicht gedeihen – und vice versa. Also muss man nach einer Weideperiode mit Pferden nur Rinder auf die Koppel schicken, auf dass sie das Gras mit den Pferdewurm-Larven fressen. Für die ist das Rind eine Sackgasse, sie können sich darin nicht entwickeln und sterben ab. Lässt man nun die Wiesen einige Wochen konsequent nur von Rindern beweiden, ist sie danach wurmfrei.

Unsere Vorfahren hatten aber auch sonst in Sachen Weidepflege einiges auf dem Kasten. Sie wussten zum Beispiel, dass Pferde, obgleich sie früher auf baumlosen Steppen gelebt haben, nicht allzu viel pralle Sonne vertragen. Zum einen können sie durchaus einen Sonnenstich erleiden, zum anderen neigen vor allem Schimmel dazu, an den schwarzen Stellen im Gesicht Sonnenbrand zu bekommen. Folglich braucht man Schatten auf der Koppel und dazu bieten sich natürlich Bäume an. Der Haken ist nur, dass die meisten Pferde frisches

▼ Im Hochsommer sind die Fohlen dann so weit herangewachsen, dass sie auch anfangen, am Gras zu zupfen.

Laub und saftige, junge Rinde zum Fressen gern haben. Nun würde man ihnen ja die Abwechslung auf dem Speisezettel durchaus gönnen, aber ständig neue Bäume anzupflanzen, wäre mühsam und teuer. Also muss man junge Bäume einzäunen, sodass die Pferde nicht daran kommen. Bei ausgewachsenen Bäumen wäre das aber zu aufwändig. Unsere Ahnen hatten aber auch dafür einen Trick: Um die Pferde davon abzuhalten, den Bäumen die Rinde abzunagen, bestrichen sie die Stämme regelmäßig mit Huffett oder Holzteer. Beides schmeckte Pferden nicht und so konnten die Bäume ungestört wachsen.

Für Saft und Kraft

Wenn man bedenkt, wie oft in früheren Zeiten gehungert wurde und wie knapp in manchen Jahren Getreide – vor der Einführung der Kartoffel im 18. Jahrhundert das Hauptnahrungsmittel – oft war, wird einem bewusst, welch hohen Stellenwert Pferde hatten. Dabei war es natürlich ihre Arbeitskraft, die Menschen dazu brachte, ihre knappen Lebensmittel mit den Pferden zu teilen.

Allerdings finde ich es interessant, darüber zu spekulieren, wer eigentlich wie darauf gekommen ist, dass man Pferde mit Getreide füttern kann. Ich vermute, dass es der Zuneigung eines Menschen zu seinem Pferd zu verdanken war. Irgendwann war da vielleicht einer mit seinem Pferd auf einer tagelangen Reise unterwegs. Am Abend suchte er sich einen Lagerplatz, hoppelte seinem Pferd die Vorderbeine zusammen und ließ es grasen, während er sein Feuerchen entzündete und seinen Getreidebrei zusammenrührte. Das Pferd war wahrscheinlich neugierig. Es guckte, was sein Mensch da machte, worauf der ihm eine Handvoll Getreide abgab. Pferd mochte das Getreide und weil es intelligent war, bettelte es bei der nächsten Mahlzeit. So schliff es sich ein, dass Mensch und Pferd das Getreide teilten. Nach ein paar Tagen fiel

Steine und Disteln im Futter

In den Ställen Preußens hatte man entschieden etwas gegen Verschwendung und wenn der Stallmeister unverdaute Haferkörner im Mist fand, mopste er sich. Es kam nämlich vorwiegend bei Pferden vor, die sehr schnell und gierig fraßen – und wie sollte man sie dabei ausbremsen?

Den preußischen Kavalleristen fiel dazu etwas ein: Die Schnellfresser bekamen kurzerhand ein paar große, sauber geschrubbte Kieselsteine in die Krippe. Die Pferde mussten darum herum fressen. Das ging natürlich nicht so schnell – voilà, Problem gelöst.

Die Alternative zu den Kieselsteinen, die sich übrigens auch für Pferde eignet, die beim Heu schlingen: Sammeln Sie Disteln. Trockene Silber- und Golddisteln (Vorsicht: Die Silberdistel steht unter Naturschutz!) im Heu oder im Hafer bremsen auch das gierigste Pferd aus.

dem Menschen dann auf, dass sein Vierbeiner fitter war, länger durchhielt und besser aussah. Sein Fell begann trotz der Anstrengungen auf der Reise zu glänzen, er verlor weniger Gewicht als sonst. Nun war auch der Mensch nicht dumm und so reimte er sich zusammen, dass der gute Zustand auf den Getreidezusatz zurückzuführen war. Also behielt er die Fütterung bei und erzählte anderen davon. Und weil es ein gutes Jahr mit reichlicher Ernte war, probierten auch andere den Trick aus und stellten fest, dass er wunderbar wirkte.

So könnte es gelaufen sein – und schon bei den Griechen und Römern war es üblich, Pferde mit Getreide zu füttern.

Bleibt die Frage, wie es kam, dass Hafer das Pferdefutter Nummer eins wurde – bei uns zumindest. In Ägypten und anderen arabischen Ländern wird nämlich Gerste gefüttert.

Ich vermute, dass die Präferenz für Hafer bei uns aufgrund von „Versuch und Irrtum-Experimenten" entstand. Bis zur Entdeckung von Amerika wurden bei uns nämlich vorwiegend vier Getreidesorten angebaut: Hafer, Gerste, Roggen und Weizen. Später kam noch Mais dazu. Wahrscheinlich wurde alles ausprobiert, wobei man feststellte, dass Roggen nicht gerne gefressen wurde. Pferde mögen zwar bitter – Chicoree und Radiccio fressen die meisten ausgesprochen gerne – aber Roggen scheint ihnen des Bitteren zu viel zu sein. Zudem vertragen Pferde Weizen und Roggen nur in kleinen Mengen. Was sie als Brotgetreide so beliebt macht, ist nämlich ihr geringer Anteil an Rohfasern bei einem gleichzeitig sehr hohen Anteil an Kleber. Zum Backen ideal und für die meisten Menschen auch gut verdaulich, für Pferde aber fatal. Roggen und Weizen verkleistern im Pferdemagen. Das kann Magenentzündungen, Magenrisse und Hufrehe auslösen.

Bleiben also Gerste und Hafer. Gerste ist grundsätzlich ein gutes Pferdefutter. Man braucht sogar etwas weniger davon als von Hafer: 900 Gramm Gerste entsprechen vom Nährwert her einem Kilo Hafer.[18] Außerdem enthält Gerste etwas mehr Energie und weniger Eiweiß als Hafer. Damit ist es ein hervorragendes Kraftfutter für Pferde, wie man auch im Koran nachlesen kann: „So viel Körner

◄ Im Herbst reift der Hafer vollends heran und wartet in goldener Pracht auf die Ernte.

Teestunde für vierbeinige Sportler

Graf von Wrangel kannte das Problem: „Das Pferd ist im Allgemeinen sehr empfindlich für plötzlichen Wechsel im Trinkwasser. Diese Empfindlichkeit geht speziell beim Vollblüter so weit, dass manche Rennpferde, wenn sie bei ihren Reisen von einem Rennplatz zum anderen das gewohnte Wasser entbehren müssen, in ihrer Kondition zurückgehen."[19]

Einige Reiter lösen das Problem, indem sie ein paar Kanister „Heimatwasser" aufs Turnier mitnehmen. Es gibt aber noch eine bessere Möglichkeit: Gewöhnen Sie Ihren vierbeinigen Sportkameraden an Tee. Kochen Sie vor der täglichen Arbeit einen Eimer mit Hagebutten- oder Früchtetee. Während Sie mit Ihrem Ross zugange sind, wird es durstig. Gleichzeitig kühlt der Tee ab. Den gibt es dann nach der Arbeit als Belohnung – und wenn Ihr Pferd zuerst nicht dran will, rühren Sie eine Tasse Melasse oder etwas Zucker ein. Wenn das Pferd sich an den Tee gewöhnt hat, schrauben Sie den Melasse- oder Zuckerzusatz langsam auf null zurück.

Die Gewöhnung an Tee hat nicht nur den Vorteil, dass Sie damit auf dem Turnier das fremde Wasser „trinkbar" machen können – und eine Packung Tee transportiert sich leichter als ein paar Kanister Wasser. Gewöhnung an Tee hat aber noch einen Vorteil: In Tee kann man so manches Medikament verstecken und damit ohne größere Kampfhandlungen ins Pferd bringen.

Und dann sticht sie der Hafer ...

Mit Hafer hat man diese Probleme nicht. Der Rohfaser- und Energieanteil im Hafer ist für Pferde günstig, die Zusammensetzung und der Anteil des Eiweißes ist für sie fast optimal (Fohlen unter 18 Monaten und tragende Stuten muss man allerdings zusätzlich versorgen). Dazu können gesunde Pferde Hafer problemlos kauen und für die mit Zahnproblemen kann man den Hafer quetschen und dadurch aufbrechen. Quetschhafer kann man dann übrigens bis zu 14 Tage aufbewahren.

Natürlich gibt es auch Nachteile: Das Kalium-Phosphor-Verhältnis bei Hafer ist für Pferde nicht optimal. In einem alten Handbuch über Fütterung bekommt man die Empfehlung, das durch das Zufüttern von „gutem Heu" auszugleichen. Der Rat gilt immer noch, aber ein- oder zweimal im Jahr eine Blutuntersuchung und dazu dann eine Anpassung des Mineralfutters kann vor allem bei Zucht- und Sportpferden nicht schaden. Wenn man Hafer füttert, muss man dann nämlich zusätzlich auch noch Natrium und Karotin liefern.

Die Altvorderen empfahlen, zu diesem Zweck Karotten zuzufüttern. Für einen 500 bis 600 Kilo-

➤ *Frisch gequetschter, guter Hafer riecht appetitlich nach Frühstück mit Haferflocken-Müsli.*

Gerste du deinem Pferd gibst, so viele Sünden werden dir vergeben."

Bei uns wäre es mit dieser Art der Vergebung aber problematisch, weil die in Europa wachsenden Gerste-Sorten sehr hartschalig sind. Damit Pferde sie fressen können, muss man sie entweder schroten oder kochen. Beides ist aufwändig, dazu kommt, dass man derart aufbereitete Gerste nicht aufbewahren kann. Gekochte Gerste würde ungekühlt schon innerhalb eines Tages verderben; geschrotete wäre wohl nach zwei, drei Tagen ranzig. Dementsprechend würde die Fütterung mit Gerste auch den Aufwand in Sachen Stallhygiene erhöhen.

gramm schweren Warmblüter wurden 2 bis 2,5 Kilogramm Karotten pro Tag empfohlen, um den Bedarf an Karotin zu decken. Das entspricht in Sachen Energieversorgung ungefähr 3,2 kg Hafer, der dann natürlich bei der Rationsberechnung abgezogen werden sollte.

Heute weiß man allerdings noch etwas zu diesem Thema: Das in den Möhren enthaltene Beta-Karotin ist polar, das heißt, es braucht Fett, um gelöst und vom Körper (sowohl dem des Pferdes als auch dem des Menschen) in das lebensnotwendige Vitamin A umgewandelt zu werden. In der Praxis bedeutet das: Kippen Sie einfach einen guten Schuss Speiseöl dazu (Sonnenblumenöl tut es durchaus. Wer seinem Pferd aber etwas besonders Gutes tun will, nimmt Lein- oder Schwarzkümmelöl).

Mit Futterkarotten muss man allerdings viel Sorgfalt walten lassen. Im Sommer bei Hitze verderben sie – vor allem, wenn man sie gewaschen einkauft – in kürzester Zeit; im Winter frieren sie an und sind dann nicht mehr verwertbar. Und noch ein Tipp – und sogar ein sehr wichtiger – vom alten Stallmeister: Sie müssen (und sollen) es Ihrem Pferd nicht dadurch leichter machen, dass Sie ihm die Karotten klein schneiden. Lassen Sie Ihren Vierbeiner ruhig richtig kauen! Das bremst selbst Gierschlunde beim Fressen aus und verhindert damit Schlundverstopfung.

Kommen wir aber noch einmal zum Hafer zurück. In der Bibliothek findet sich ein interessanter Tipp zur Qualitätskontrolle: Wiegen! Ein Liter Hafer in den Messbecher und ab damit auf die Küchenwaage: Sehr guter Hafer ist leicht und fluffig, sprich: Wenn der Hafer pro Liter mehr als 300 Gramm wiegt, können Sie davon ausgehen, dass er von eher mäßiger Qualität ist.

Ansonsten empfehlen sich Sicht- und Riechkontrollen. Verunreinigter Hafer oder gar angeschimmelter sollte nicht mehr verfüttert werden. Ebenso sollten Sie Hafer, der nicht mehr appetitlich riecht, wegwerfen.

Der Einwanderer aus Amerika: Mais

In früheren Zeiten war Hafer oft knapp, daher war man immer auf der Suche nach Alternativen. Eine sehr beliebte war Mais, denn Mais bringt auf den Feldern hohe Erträge und ist dabei relativ unempfindlich.

Die Zucht von Kulturmais, der sich nur noch durch menschliche Nachhilfe vermehren kann, gilt als eine der größten Domestizierungsleistungen des Menschen – und reicht sehr weit zurück. Ungefähr 8700 v. Chr. hat man, wie aufgefundene Zeugnisse beweisen, in Zentralmexiko schon die Wildgrasart Teosinte kultiviert. Teosinte ist wohl der Vorfahr des Mais, was man allerdings bei einem Vergleich der beiden Pflanzen heute kaum noch glauben möchte. Teosinte sieht nämlich wirklich wie Gras aus – Gras, an dessen oberem Ende dreieckige Früchtchen wie Perlen an einer Schnur wachsen.

▲ *Bei diesem Anblick läuft Pferden das Wasser im Mund zusammen. Saftfutter – hier Rote Bete, Karotten und Äpfel – ist bei den Rössern sehr begehrt.*

„Das pferd beyssen die worme. Also sie synt weys, swarcz und rot; lieber herre Jhesu Crist, die worme die seint tot!"[20] schrieb ein Stallmeister im 16. Jahrhundert. Schon damals waren Würmer ein Problem und schon damals geisterte die Legende, dass Karotten entwurmend wirken. Sie kam wahrscheinlich auf, weil es bei der Fütterung von Karotten zu einer explosionsartigen Vermehrung der Parasiten kommt, die dann natürlich auch vermehrt mit dem Kot ausgeschieden werden. Deswegen meinte so mancher, das Pferd sei nun entwurmt.

Stimmt aber definitiv nicht. Allerdings sorgen Karotten für die Gesunderhaltung – und ein fittes Pferd verträgt natürlich auch die Wurmkuren besser.

Gegen 4700 v. Chr. wurde Mais schon kultiviert und lieferte Kolben mit Körnern, die eines der Grundnahrungsmittel in Zentralmexiko waren. Kolumbus brachte den Mais mit nach Europa und schon 1525 wurde er in Spanien angebaut. In Nordeuropa galt er zuerst als Zierpflanze und stand im Garten. Erst um 1805, als eine Kartoffelseuche die Ernte vernichtet hatte, begann man, Maissorten zu züchten, die im rauen Klima des Nordens gediehen. Dennoch war der Maisanbau doch sehr lange auf einige Gegenden im sonnenverwöhnten Baden beschränkt. Erst in den 70er Jahren des vorigen Jahrhunderts kamen die robusten, ertragreichen Sorten auf, von denen heute rund vier Millionen Tonnen pro Jahr in Deutschland angebaut werden.

Als Futtermittel im Pferdestall diente er schon zu meines Urgroßvaters Zeiten. Mais hat nämlich den Vorteil, bei relativ geringem Eiweißgehalt sehr viel Energie zu liefern. Allerdings sind trockene Maiskörner sehr hart und selbst für Pferde mit gesunden Zähnen nicht ganz einfach zu knacken, weswegen sie früher meist geschrotet wurden. Heute macht man es sich zumindest in Betrieben mit Silo einfacher: Man verfüttert Maissilage. Damit haben allerdings manche Pferdebesitzer ein Problem: Maissilage riecht etwas säuerlich-vergoren und sieht – zumindest für Menschen – nicht sehr appetitlich aus. Pferde empfinden das aber anders. Die meisten sind ganz wild auf das „Sauerkraut" und gedeihen damit sehr gut.

Abwechslung im Menü

Möchten Sie jeden Tag das Gleiche vorgesetzt bekommen? Wahrscheinlich nicht. Pferde haben damit wohl weniger Probleme. Die kriegen von Heu und Hafer anscheinend nie zu viel. Dennoch freuen sie sich über ein bisschen Abwechslung auf ihrem Speiseplan. Diesbezüglich können wir übrigens eine Menge von den Pferdeleuten der Vergangenheit lernen. Bei ihnen war es oft Mangel, der sie zu Futterexperimenten veranlasste. Diese hatten aber wiederum den Vorteil, dass das Pferd dadurch auch einige Mineralien und Vitamine bekam, die Heu und Hafer nicht liefern.

Bei Pferden besonders beliebt ist natürlich alles, was in den Oberbegriff „Saftfutter" passt. Das heißt heute meist Karotten und Äpfel, wobei in beiden Fällen allzu viel ungesund ist. Wer meint, gleich zwei Kilo Äpfel auf einmal verfüttern zu müssen, sollte sich nicht wundern, wenn das Ross darauf mit Durchfall reagiert.

Ansonsten gilt für alle Früchte: Bitte verfüttern Sie nur das, was Sie auch selbst essen würden. Pferde sind keine Müllschlucker. Verfaulte, vergammelte und wurmstichige Früchte gehören auf den Mist und nicht in die Futterkrippe.

In die dürfen dafür Birnen (in sehr kleinen Mengen. Mehr als eine am Tag sollte es nicht sein),

vom Stein befreite Pfirsiche und Aprikosen und – selbstverständlich – geschälte Bananen. Bei denen ist allerdings auch Zurückhaltung angesagt – zu viele Bananen verursachen Verstopfung.

Früher wurden, vor allem bei schweren Arbeitspferden, die teilweise sehr schwerfutterig waren und viel Energie brauchten, Futter- und Zuckerrüben verfüttert. Sie sind sehr gute Energielieferanten, gleichzeitig enthalten sie wenig Eiweiß, sind also durchaus für Pferde geeignet. Heute spielen sie bei der Pferdefütterung fast keine Rolle mehr, was hauptsächlich daran liegt, dass die wenigstens pferdehaltenden Betriebe heute auch noch Rüben anbauen. Dazu sind sie relativ arbeitsaufwändig, weil sie vor dem Füttern gewaschen werden müssen.

Man kann Futter- und Zuckerrüben aber bei den meisten landwirtschaftlichen Genossenschaften zukaufen – und das empfiehlt sich dann, wenn Sie einen hypernervösen Hampel oder einen Rekonvaleszenten im Stall haben. Alte Pferdeleute wussten, dass Rüben den Appetit anregen. Dabei bekommen die Nervösen die ganze Rübe; sie zu fressen, ist anstrengend und sorgt ausführlich für Beschäftigung.

Früher wurden zudem sehr oft Rübenschnitzel verfüttert – und sie gehörten auch zum Geheimwaffenarsenal meines Lehrmeisters. Als Praktikantin mit Zuständigkeit im Stutenstall gehörte es zu meinen Obliegenheiten, allabendlich drei Eimer melassierte Rübenschnitzel im Verhältnis 1 : 4 (ein Teil Rüben, vier Teile Wasser) einzuweichen. Außerdem kochte ich einen großen Topf Leinsamen für mindestens 10 Minuten in Wasser. Nach 10 Minuten ist nämlich die Blausäure aus den Leinsamen raus.

Die Leinsamen durften über Nacht abkühlen, die Rübenschnitzel zogen sich mit Wasser voll. Morgens rührte ich dann einen Brei: Rübenschnitzel, abgekochte Leinsamen, je 300 bis 500 g pro Pferdenase. Dazu kamen dann noch 500 g Quetschhafer, 250 g Weizenkleie und ein Esslöffel Salz. Für

◄ Oben: Schneiden Sie die Rote Bete fürs Pferd nicht klein. An der ganzen Rübe zu knabbern, ist gut für die Zähne und sorgt für Unterhaltung.
Mitte: Leinsamen enthält Blausäure, darum sollte er vor dem Füttern mindestens 10 Minuten lang gekocht werden.
Unten: Melasse bekommt man im Landhandel – und darin kann man nicht nur Medikamente verstecken, sondern auch Rekonvaleszenten wieder Appetit machen.

mich sah der Inhalt des großen Topfes, mit dem ich dann hinüber zu den Mädels in den Stutenstall zog, nicht sehr appetitlich aus, aber die säugenden oder trächtigen Damen fraßen den Brei mit Begeisterung. Er tat ihnen auch ausgesprochen gut: Der Leinsamen sorgte für eine gesunde Magen- und Darmschleimhaut, die Rübenschnitzel lieferten die Energie, die Zuchtstuten für ihren Nachwuchs brauchen, und die Gesamtmischung enthielt genug Vitamine und Mineralien, dass auch Fell und Hufe gut dabei gediehen.

Tat sich im Herbst dann eines unserer Gestütspferde mit dem Fellwechsel schwer, gab es auch diesen Brei, dann allerdings mit einer zusätzlichen Zutat: Rote-Bete-Flocken. Bei hartnäckiger Verstopfung half ein Löffel Magensium.

Mit der Roten Bete geht es den Pferden offenkundig wie uns Menschen: Entweder man liebt sie oder man verabscheut sie. Dabei hatte ich das zweifelhafte Glück, dass meine Schimmelstute zu den Liebhabern gehörte und die begehrten Knollen mit Gusto durch ihre Krippe matschte und im ganzen Gesicht bis zu den Ohren verteilte. Mein Schwarzer hingegen, der die Mineralstoffe aus der Roten Bete sehr wohl hätte brauchen können und in dessen dunklem Fell man die Flecken nicht gesehen hätte, weigerte sich standhaft, sie zu fressen.

Ich habe ihn allerdings ausgetrickst: Er mochte lauwarmes Mash sehr gerne – und die Rote-Bete-Flocken, die ich großzügig hineinrührte, störten ihn nicht.

Ich vermute, dass es an der Grundlage aus melassierten Rübenschnitzel lag. Melasse mögen alle Pferde und mir hat einmal ein alter Gestüter erzählt, dass früher in so ziemlich jeder Futterkammer ein Fass mit Melasse gestanden habe. Die Arbeitspferde bekamen täglich einen kräftigen Schuss über den Hafer.

Apropos Flüssigkeiten: Auf dem Hinterhof einer alten Gaststätte, die früher als Umspannstation für Postpferde diente, sah ich eine Art alte Badewanne, die offenkundig als Tränke gedient hatte. Das wunderte mich ein wenig, weil nämlich vor dem Gebäude ein Brunnen mit großem Trog stand. Der Großvater des Wirts erklärte mir den Trog: In seiner Jugend, als noch mit Pferden gefahren wurde, habe man beim Auswechseln der Bierfässer in der Gaststube die abgestandenen Reste unten im Fass in diese Wanne geschüttet, sodass die Pferde das Bier trinken konnten. Das sei üblich gewesen und er erinnere sich auch noch, dass damals im Hof der Brauerei mehrere Tröge mit Bier für die Pferde gestanden hätten.

Dass Pferde Bier mögen, wusste ich da schon. Ich kannte nämlich eine Stute, die beim sommerlichen Ausritt mit ihrem Herrn des Abends in der Gartenwirtschaft auf dem Weg auch immer ein Bier bekam – und aus der Flasche trank. Zum Glück waren ihr Mensch und sie auf dem Heimweg im eigenen Wald unterwegs. Auf öffentlichen Straßen hätten sie vielleicht wegen Alkohol am Zügel Probleme bekommen.

Mit den Beiden habe ich dann übrigens auch gelernt, dass Bier gesund für Pferde ist. Dafür ist die Bierhefe verantwortlich, die positiv auf die Darmflora und den Stoffwechsel wirkt. Außerdem sorgt die Bierhefe für ein schönes Fell und erhöht die Leistungsfähigkeit. Und wer diesen Effekt alkoholfrei bekommen will – was sich bei Sportpferden wegen der Dopingproben empfiehlt – verzichtet auf den flüssigen Nährstoff und füttert Bierhefe. 100 g am Tag werden gerne gefressen und haben die erwünschte Wirkung.

Heilsames und Gesundes

Zum guten Schluss des Themas „Fütterung" kommen nun noch ein paar kleine Tricks aus dem Repertoire der Altvorderen. Nummer eins: **Brennnesseln** sind auf der Koppel eher unbeliebt und werden nicht gefressen. Mein Lehrmeister brachte mir bei, dass Brennnesseln regelmäßig gemäht werden sollten – das mögen sie nämlich nicht und wenn

◄ Links: Brennnesseln
sollte man auf der Koppel
nicht total ausrotten.
Zum einen sichern
sie das Überleben der
Schmetterlinge, zum
anderen sind sie getrock-
net ein profundes Mittel
gegen Arthrose.
Rechts: So sehen die
Blüten des Lein aus, aus
denen später Leinsamen
wird.

man es oft genug macht, wachsen sie schließlich nicht mehr nach.

Allerdings hatten wir in einer Ecke am Waldrand eine kleine Nessel-Kultur angelegt. Wir wollten die Pflanzen nämlich nicht komplett auf unserem Grund ausrotten – zum einen, weil sie Nahrung für diverse, seltene Schmetterlingsarten sind, und zum anderen, weil wir die gemähten Brennnesseln in einer Ecke der Scheune sammelten und trockneten. Getrocknet verlieren sie die Bitterstoffe, pieksen nicht mehr und werden dann gerne gefressen. Bei uns landeten sie speziell in den Krippen der älteren Herrschaften, die unter Arthrose litten – dagegen wirkt Brennnessel (übrigens auch bei Menschen).

Wenn wir schon bei älteren Herrschaften sind: Ein Schuss **Weißdornsaft** (gibt es im Reformhaus) über den Hafer wird gerne gefressen, hilft dem Herz, sich gut zusammenzuziehen, kraftvoll zu pumpen und erweitert die Herzkranzgefäße.

Lebertran für Kinder ist aus der Mode, aber im Pferdestall hat Lebertran immer noch seine Berechtigung. Das Zeug enthält jede Menge Vitamin D und A – und darum sollte man Fohlen, wenn sie anfangen, Kraftfutter zu fressen, mit zwei Esslöffeln pro Tag versorgen. Mit bis zu einem Viertelliter pro Tag kann man bei rehegefährdeten Pferden einen Teil des Kraftfutters ersetzen. Und auch bei gesunden Pferden kann man ab und zu etwas Lebertran zufüttern – das sorgt für ein schönes, glänzendes Fell. Die schon erwähnte **Bierhefe** bekommt man im Landhandel oder auch im Internet.

Öl wurde schon mehrfach erwähnt. Es wird auf jeden Fall gebraucht, um das Beta-Carotin aus Möhren in Vitamin A umwandeln zu können. Öle bringen aber auch sonst Vorteile bei der Fütterung: **Schwarzkümmelöl** wirkt als „Schmiermittel" auf die Verdauung. Wenn Sie einen Kandidaten haben, der öfter mal ausführlich drückt und deswegen unter dem Sattel öfter klemmt – ein Schuss Schwarzkümmelöl auf den Hafer löst das Problem. Und Leinöl ist Tuning fürs Fell, daher besonders beim Fellwechsel zu empfehlen.

Die Stallapotheke

Manche Leute bilden sich ein, dass früher alles besser war. Nach ausführlicher Recherche in Dutzenden von alten Pferdebüchern und diversen Gesprächen mit langgedienten Pferdeleuten kann ich Ihnen voller Überzeugung versichern: Für die Gesundheit von Pferden trifft das sicher nicht zu.

Allerdings ist mir aufgefallen, dass sich die Krankheiten teilweise verändert haben. In Büchern aus dem 19. Jahrhundert findet man zum Beispiel Ausführlichstes zum Thema Husten und Dämpfigkeit. Letzteres spielt heute – wohl dank besser durchlüfteter Ställe und Cortison – fast keine Rolle mehr. Ich erinnere mich jedenfalls aus meinen 35 Jahren Umgang mit Pferden nur an drei, die dämpfig waren, und auch mit Husten hatte ich nie viel zu tun.

Dafür war ich in den letzten Jahren öfter mit dem Kissing-Spine-Syndrom konfrontiert. Dazu habe ich in den alten Büchern allerdings fast gar nichts gefunden und das liegt sicher nicht nur daran, dass es früher als „Rückenproblem" bekannt war. Kissing Spine ist nämlich in vielen Fällen das Resultat ungenügender Ausbildung und unzureichender Reiterei – und ja, ich glaube, dass früher meist geduldiger ausgebildet und besser geritten wurde.

Dennoch vermute ich, dass unsere Pferde heute weniger krank sind als früher.

Fiebermessen – mit Wäscheklammer und Schnur

Egal, wie Sie beim Pferd rektal Fieber messen, ob digital oder altmodisch analog (was übrigens den Vorteil hat, dass es auch im tiefsten Winter, wenn die Batterien von Digitalthermometern den Geist aufgegeben haben, funktioniert) – Sie ahnen nicht, wie schnell ein Thermometer im Pferdedarm verschwindet! Ein Moment der Unachtsamkeit – und weg ist es. Beim Suchen können Sie dann den Tierarzt fluchen hören.

Dagegen hilft ein Stück Schnur und eine Wäscheklammer. Die Schnur bekommt am Ende eine kleine Schlinge, mit der anderen wird sie am Thermometer festgebunden. Thermometer ins Pferd, Wäscheklammer im Schweif feststecken, Schlinge in die Klammer hängen – das Thermometer ist gesichert und kann nicht mehr im Darm verschwinden.

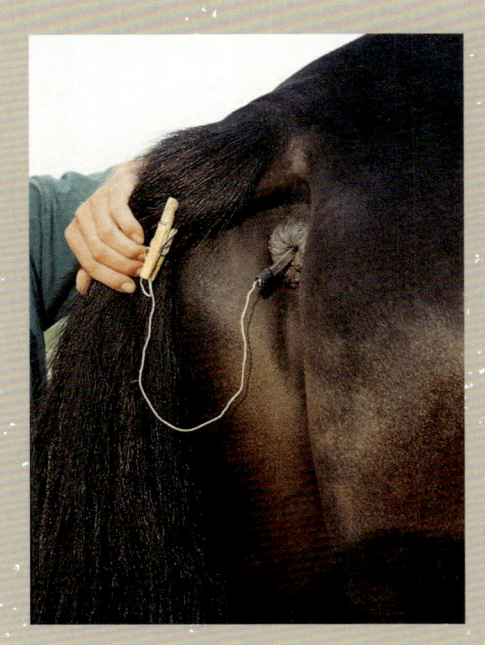

◄ *Der relativ kurze Warmblüter ist vor einem Kissing-Spine-Syndrom ziemlich sicher – und das nicht nur, weil er recht kompakt ist, sondern auch, weil er in Selbsthaltung vorwärts-abwärts geht.*

Zum einen wird heute recht konsequent geimpft, wodurch einige früher meist letal verlaufenden Krankheiten wie zum Beispiel Tollwut, Tetanus und Influenza kaum noch auftreten. Zum anderen hat sich aber auch die Tiermedizin weiterentwickelt. Antibiotika, Corticosteroide und krampflösende Mittel haben die Behandlung vereinfacht; Röntgen, Ultraschall und moderne Labortechniken erleichtern die Diagnostik und so manches, was früher ein Todesurteil war – ein Beinbruch, eine Darmverschlingung – kann heute chirurgisch behandelt werden.

Das heißt aber nicht, dass wir hochmütig auf die Medizin unserer Vorfahren herabschauen sollten. Im Gegenteil: Die Stallmeister alter Zeiten hatten eine Menge drauf und wir können immer noch von ihnen lernen.

Eine Warnung muss allerdings vorausgehen: Bitte gehen Sie in der Selbstbehandlung Ihres Pferdes nicht zu weit. Bei einer Kolik, Schlundverstopfung oder Fieber (das heißt: Temperatur über 39 °C), einer offenen Verletzung, einem Problem mit den Augen oder einer Erkrankung, an der das Pferd länger als drei Tage herumlaboriert, brauchen Sie den Tierarzt.

Wenn's im Bauch rumort ...

Ob Magenschmerzen oder Verdauungsprobleme, ob Durchfall oder Verstopfung – wenn dem Vierbeiner der Bauch weh tut, reden wir von „Kolik" – und rufen am besten den Tierarzt. Das Verdauungssystem beim Pferd ist ausgesprochen emp-

▲ Links: Ein so nach innen gewandter Blick steht
entweder für entspanntes
Dösen oder dafür, dass
das Pferd wegen Schmerzen in sich hineinhört.
Darum sollten Sie in
einem solchen Fall genau
hingucken.
Rechts: Nach einer Kolik
ist das Kraftfutter erst
einmal für ein paar Tage
gestrichen.

findlich und Koliken dürften immer noch zu den
Haupt-Todesursachen beim Pferd gehören.

Für unsere Altvorderen waren Koliken ein Alptraum. Sie hatten noch nicht die Medikamente, mit
denen wir den Patienten heute helfen können und
sie hatten auch keine Chance, zum Beispiel bei
einer Darmverschlingung zu operieren. Darum
aber entwickelten sie Strategien zur Vermeidung
von Koliken – und einige davon sind so gut, dass
wir sie nicht nur theoretisch bewahren, sondern
auch praktisch anwenden sollten.

So waren zum Beispiel bei den Pferden mit
Durchfall Joghurt und Buttermilch im Einsatz.
Hinter Durchfall steckt nämlich oft eine aus dem
Gleichgewicht geratene Darmflora. Der Tierarzt
verschreibt dann Milchsäurepräparate. Auf deren

(meist recht kostenspieligen) Einkauf kann man
aber verzichten, indem man auf Buttermilch und
Joghurt umsteigt. Drei Liter Buttermilch oder ein
großer Becher Joghurt pro Tag und Großpferd
bringen das Darmklima wieder in Ordnung. Und
wenn der Vierbeiner zum „was das Ross nicht
kennt, frisst es nicht" – Club gehört, versüßen Sie
ihm Joghurt oder Buttermilch mit einem Löffel
Honig oder Traubenzucker.

Wenn es um Kolik-Prophylaxe geht, sind Kräutersammler im Vorteil. Die sollten sich zur Blütezeit
des weißen Andorns *(Marrubium vulgare)* zwischen
Juli und August auf die Suche danach begeben.
Dabei haben sie auf Brachflächen und in der Nähe
von Bahntrassen gute Chancen, den eher unauffälligen Lippenblütler zu finden. Allerdings sollte
man den Andorn nicht gleich massenweise rupfen.
Er ist nämlich mittlerweile selten, in manchem einschlägigen Buch steht sogar, er sei geschützt (ich
habe ihn nicht auf der roten Liste gefunden). Aber
er lässt sich gut im eigenen Garten auspflanzen.
Sammeln Sie eine Handvoll Samen und pflanzen
Sie den Andorn an einer trockenen, sonnigen Stelle
mit lehmigem oder tonhaltigem Boden.

Die Mühe lohnt – der weiße Andorn ist nämlich
eine wahre Wunderwaffe im Kampf für eine geregelte Pferdeverdauung. Früher wurde Andorn –

frisch oder getrocknet, jeweils eine Handvoll bei jeder Fütterung – vor allem vor dem Weideauftrieb gegeben. Er ist nämlich gut für den Magen und verhindert Durchfälle.

Ebenfalls an kalkhaltigen, sonnigen Standorten gedeiht der Oregano *(Origanum vulgare)*, bei uns manchmal Dost, Wohlgemut oder wilder Majoran genannt. Mit Oregano kann man aber nicht nur Pizza und Spaghetti würzen, sondern auch etwas für die Gesundheit tun. Das wussten übrigens schon die alten Griechen: Dioscurides berichtete schon im ersten Jahrhundert n.Chr. über die positive Wirkung von Dost auf die Verdauung und der berühmte Hippokrates von Kos empfahl Oregano zur Beschleunigung von Geburten und zur Behandlung von Hämorrhoiden. Im Mittelalter sollte Oregano dann Hexen und Dämonen abhalten. Im Stall hingegen wirkt es schon seit Jahrhunderten gegen Verdauungsbeschwerden. Oregano enthält nämlich zwei wichtige Wirkstoffe: Einer löst Krämpfe, der andere – Carvacrol – ist entzündungshemmend.

Heimisch ist Oregano im Mittelmeerraum, was ihn zu einem idealen Urlaubsmitbringsel macht. Dabei ist er nicht schwer zu finden. Er wächst besonders gerne in trockenen und lichten Eichen- und Kiefernwäldern, Gebüschen an Wald- und Wegrändern und Trockenwiesen. Im Oktober und November reifen seine Früchte, in denen die Samen enthalten sind. Die kann man sammeln und zuhause anpflanzen. Verfüttert werden dann die getrockneten Pflanzen, die, mit dem normalen Raufutter gemischt, meist gern gefressen werden.

Viel mehr als Prophylaxe und gute Nachsorge können wir als Laien unseren Kolikern nicht angedeihen lassen. Allerdings sollte man dennoch nicht unterschätzen, wie beruhigend die Bemühungen eines vertrauten Menschen für das schmerzgeplagte Pferd sein können! Tierärzte wissen, dass Pferde in Sachen Gesundheit ungemein empfänglich für das sind, was ihre Menschen ausstrahlen. Darum funktionieren Placebos bei Pferden besonders gut.

Darum aber ist der Pferdehalter im Fall einer Kolik auch besonders gefragt.

Als erste Regel gilt: Ruhe bewahren! Atmen Sie tief durch, dann rufen Sie im Fall einer Kolik den Tierarzt. Bei einer Kolik geht es nicht ohne ärztliche Hilfe, also sollte man da keine Zeit verlieren. Danach holen Sie dann – je nach Wetter und Temperatur – die Abschwitz- oder Stalldecke Ihres Patienten. Im Winter kann es nie schaden, ihn warmzuhalten, im Sommer wird es ihm angenehm sein, wenn der Schweiß aufgesaugt wird.

Anschließend sind Ihr Einfühlungsvermögen und Ihr Talent als Diagnostiker gefragt. Hat Ihr Pferd Verstopfung? Schauen Sie sich in der Box nach frischen Äpfeln um. Nichts zu finden? Dann können Sie es mit einem alten Trick versuchen, den Dr. Stefan von Máday 1912 beschrieb: „Der Militärarzt P. benutzte diese Erfahrungen bei der Behandlung leichter Fälle von Kolik: Er ließ das

Überlassen Sie das Wälzen den Pferden

Als ich in den 80er Jahren des vorigen Jahrhunderts zu reiten anfing, galt noch weitgehend die Regel: Ein Pferd mit Kolik darf sich auf keinen Fall wälzen. Dabei, so erklärte man mir damals, könnte sich ein vierbeiniger Patient mit Darmverschlingung nämlich den Darm noch mehr eindrehen.

Ungefähr 10 Jahre später sprach ich dann einmal mit Dr.med.vet. Karl Blobel, damals Mannschaftstierarzt der deutschen Vielseitigkeitsreiter, darüber. Der erfahrene Praktiker sagte es deutlich: „Quatsch! Lass den Koliker ruhig runter. Meist wissen die Tiere, was ihnen guttut – und wenn er sich den Darm verdreht, dann hoffentlich in die richtige Richtung."

Unsere Vorfahren sahen es anscheinend ähnlich. Oberst Spohr jedenfalls schrieb schon 1898, dass das Wälzen wohl eine „instinktmäßige Nothülfe" sei. Also, bitte: Wenn Ihr Koliker sich wälzen will, sorgen Sie dafür, dass er an einer Stelle – Reit- oder Longierhalle, große Box, Außenplatz, Wiese – runtergeht, an der er sich weder festlegen noch verletzen kann.

kranke Pferd mit verbundenen Augen herumführen, und es gelang ihm in mehreren Fällen, die regelmäßige Arbeit der Drüsen wiederherzustellen ... Dem Pferde wird dadurch, dass es in Finsternis versetzt wird, Furcht eingejagt; die Furcht wirkt auf den Darm und so wird der Heilerfolg auf einem Umweg erreicht." [21]

In die Richtung zielt auch der Rat eines anderen Praktikers: Bei einer leichten Kolik Pferd verladen und einmal um den Hof kutschieren. Auch dabei hat sich schon bei manchem der quersitzende Wind im Bauch gelöst.

Bei einem mir bekannten, sehr wetterempfindlichen Pony war Bewegung das Mittel der Wahl. Sein Frauchen kannte das Füchslein gut und sie sah ihm schon von weitem an, wenn er wieder einmal an einer beginnenden Kolik laborierte. Dann war Longe angesagt, wobei man Herrn Pony in den ersten Minuten immer ein wenig plagen musste, damit er lief. Aber dann konnte man zuschauen, wie der zähe Trab lockerer und munterer wurde. Und irgendwann kam dann der Schweif hoch, Herr Pony äppelte, machte einen Satz und war wieder in Ordnung – für dieses Mal war es überstanden.

Mein Schimmel, ebenfalls ein wenig wetteranfällig, wollte allerdings nicht traben, wenn er das Bauchgrimmen hatte. Bei ihm war Spazierengehen angesagt – in ruhigem Tempo, aber so, dass er dabei richtig schreiten musste. Da brauchte es dann selten mehr als 20 Minuten, bis er mistete.

Bei seinem schwarzen Vorgänger halfen dagegen Massagen. Der arme Kerl hatte einmal über eine Periode von sechs Wochen immer wieder Kolik. Der Tierarzt vermutete eine verlagerte Darmschlinge, spritzte ein entkrampfendes Medikament, gab ihm eine Infusion und ich massierte ihm den Unterbauch, wann immer wir wieder einmal auf den Tierarzt warteten. Lange, kreisende Bewegungen mit sanftem Druck halfen meinem Kranken offenkundig. Er entspannte sich unter meinen Händen und wurde ruhiger – wobei ich nicht darauf wetten würde, dass das wirklich der Massage geschuldet war. Die Wirkung ist vielleicht auch durch meine Nähe entstanden. Dennoch würde ich in einer solchen Situation immer wieder Bäuchlein massieren – es beruhigt nämlich auch den Menschen, wenn er während der nervigen Wartezeit auf den Tierarzt etwas zu tun hat.

➤ *Manchmal muss man ein Pferd ein bisschen aufpäppeln. Dafür ist warmes Mash ideal. Sie können Mash-Fertigmischungen kaufen, dann müssen Sie die entsprechende Portion nur noch mit kochendem Wasser überbrühen, umrühren und wieder abkühlen lassen. Die meisten Pferde sind ganz wild auf den lauwarmen Brei.*

Vom allerfeinsten: Die Pferdelunge

Haben Sie schon einmal das Foto einer gesunden Pferdelunge gesehen? Die unzähligen, kleinen Verästelungen, die fragilen Lungenbläschen? Es ist faszinierend, was sich die Natur da hat einfallen lassen. Und fast noch erstaunlicher ist, wie dieses Gewebe funktioniert und den Körper des Pferdes mit dem Sauerstoff versorgt.

Allerdings hat die Pferdelunge aus heutiger Perspektive einen entscheidenden Nachteil: Sie wurde nicht für den Einsatz in geschlossenen Räumen konstruiert. Das zarte Gewebe ist empfindlich gegen Staub und Dämpfe, wie sie sich in schlecht belüfteten Ställen bilden.

Dass Pferdelungen empfindlich sind, wussten natürlich auch schon die Hippologen früherer Zeiten. Mit dem, was im Lauf der Jahrhunderte über die Behandlung von Husten, Allergien und Dämpfigkeit beim Pferd geschrieben worden ist, könnte man mühelos eine ausgewachsene Bibliothek fül-

len. Beim Durchblättern einiger dieser Bücher bekommt man sogar den Eindruck, dass unsere Ahnen mehr Probleme mit den Lungen ihrer Pferde hatten als wir heute. Tatsächlich war Dämpfigkeit früher weiter verbreitet als heute, was an den Haltungsbedingungen lag. Diesbezüglich wenigstens hat die Menschheit wirklich etwas dazu gelernt, was uns aber nicht davon abhalten sollte, von den Erfahrungen der alten Pferdeleute zu profitieren.

In ihren Büchern findet man das Thema „Lungenprobleme" meist unter dem Stichwort „Husten". Das ist ja das Hauptsymptom einiger Lungenerkrankungen, wobei auch den alten Stallmeistern schon klar war, dass dieser verschiedene Ursachen hat: Husten kann durch eine Erkältung ausgelöst werden; durch eine Allergie oder durch eine chronische Lungenerkrankung wie zum Beispiel Dämpfigkeit. Dabei wurde früher meist nicht zwischen Dämpfigkeit und Allergie unterscheiden, aber dazu später.

▲ Links: Warm eindecken und Spazierengehen hat schon so manche Kolik im Ansatz erwischt. Rechts: Im Fall einer Kolik hört der Tierarzt auch den Bauch ab, um festzustellen, ob da noch Bewegung im Darm ist.

▲ Viel frische Luft auf der Winterkoppel ist die beste Vorbeugung gegen eine Erkältung.

Fangen wir erst einmal mit den Erkältungen an. Die fangen sich Pferde zum Beispiel ein, wenn sie im Winter nassgeschwitzt aus der Reithalle in den kalten Stall kommen – und nein, den Stall aufzuwärmen, würde nicht helfen. Die Abschwitzdecke alleine ist auch nicht die Ideallösung. Es gilt, was schon bei der preußischen Kavallerie praktiziert wurde: Trockenreiten und Trockenreiben. Und bitte: Trockenreiten ohne Handy! Ihr Pferd hat für Sie gearbeitet und sich dabei nass geschwitzt! Zeigen Sie ihm den Respekt und die Dankbarkeit, die es verdient, indem Sie sich beim Trockenreiten mit ihm beschäftigen. Hier gilt die Mahnung, die ich mir mal von Richard Hinrichs eingefangen habe: „Wir reden hier nicht über unsere Pferde, sondern mit ihnen."

Das Solarium, sofern sich eines in Ihrem Stall befindet, tut ebenfalls gute Dienste beim Trocknen Ihres verschwitzten Pferdes und das zusätzliche Licht schadet im Winter auch nicht.

Manchmal lässt es sich aber auch bei aller Vorsicht und Sorgfalt nicht vermeiden, dass sich der Vierbeiner erkältet. Ob Sie da mit Hausmitteln helfen können oder den Veterinär brauchen, entscheidet sich am besten über die Temperatur. Messen Sie bei Husten auf jeden Fall morgens und abends – und wenn die Temperatur über 39 °C steigt, sind Sie raus, denn dann braucht Ihr Pferd professionelle, medizinische Hilfe.

Im anderen Fall sind Ihre Fähigkeiten in der Küche gefragt. Bei den meisten alten Hausmitteln müssen Sie nämlich kochen.

Unser erstes Rezept gegen Erkältung beim Pferd ist altbewährt: Zwiebelsirup. Damit hat die Oma schon den Opa, sein Pferd und den hustenden Hund behandelt, wobei die Herstellung einfach ist: Acht Zwiebeln schälen, in feine Ringe schneiden und in 500 Gramm Honig für 24 Stunden ziehen lassen. Die Dosierung für Pferde ist dreimal täglich drei Esslöffel, dabei sollten Sie probieren, ob es die Zwiebelringe mag. Wenn ja, mit verfüttern; wenn nein, streichen Sie den Sirup durch ein Sieb und verfüttern nur den Honig. Über dem Kraftfutter oder in Mash wird er gerne gefressen – und als Einzelportion in kleine Gläschen gefüllt, hält der Sirup bis zu einer Woche.

Honig hilft auch, Lorbeer-Thymian-Tee schmackhaft zu machen. Dazu übergießen Sie zwei Esslöffel Lorbeerblätter und einen Esslöffel getrockneten Thymian mit einem Liter kochendem Wasser, rühren einen Esslöffel Honig ein und lassen den Tee 10 Minuten ziehen. Abgießen, etwas abkühlen lassen, dann können Sie die Mischung ebenfalls mit Kraftfutter oder Mash verfüttern.

Heinrich Daum hatte 1796 ein weiteres Rezept, das auch heute noch zu empfehlen ist. Er wandte es bei Druse an. Die kommt heute zum Glück nur noch selten vor und muss, da hochansteckend, auf jeden Fall vom Tierarzt behandelt werden. Aber Daums Rezept wirkt auch bei Erkältungen, wenn man einen Löffel Eukalyptusöl (aus der Apotheke) hinzufügt: „Um den Ausfluß aus der Nase zu befördern, lasse ich den kranken Pferden ein Dampfbad zubereiten. Ich lasse nehmlich ohngefehr sechs Hände voll Kamillenblumen und drey Hände voll Majoran in fünf Maaß Wasser eine Zeitlang kochen; dieses sodann in einen Eimer thun und unter des Pferdes Kopf stellen, hierbey noch den Kopf mit einem Tuch behängen, wodurch ich den aufsteigenden Dampf besser nach der Nase und dem Maul leite."[22]

Ich denke, für die „fünf Maaß" kann man zwei Liter ansetzen und selbstverständlich sollte man keinen Kunststoffeimer mit kochendem Wasser füllen. Nehmen Sie einen Metalleimer oder einen großen Kochtopf und lassen Sie das Wasser ein wenig abkühlen, bevor Ihr Pferd inhaliert.

In den alten Büchern findet man auch immer wieder Rezepte für ein „Riesenhustenbonbon" fürs Pferd, nämlich einen Leckstein. Der Haken an diesen Rezepten ist allerdings, dass die meisten sehr viel Zucker enthalten und oft wochenlang zum Aushärten brauchen. Doch die Grundidee, dem Pferd einen Leckstein anzubieten, ist zu gut, um sie nicht weiter zu verfolgen, und so übernehmen wir ein modernes Rezept: 500 g Xylit (Zuckeraustauschstoff, im Internet oder in einem Hobbythek-Laden zu bekommen), 10 Tropfen Eukalyptusöl, 7 Tropfen Anisöl, 7 Tropfen Fenchelöl, 7 Tropfen Thymianöl, 7 Tropfen Kamillenöl sind Ihre Zutaten. Und weiter geht's wie Christiane Gohl in ihrem Buch „Was der Stallmeister noch wusste" vorgegeben hat: „Zerstoßen Sie einen kleinen Teil der Xylitmenge zu Puderxylit. Der Rest wird im Kochtopf erwärmt, bis er zu schmelzen beginnt. Dann fügen Sie die Öle hinzu. Es ergibt sich eine wohlriechende, dickflüssige Masse, die Sie dann in eine vorher mit Puderxylit ausgestreute Form geben. Auch darüber wird Puderxylit gestreut. Im Lauf von zwei bis drei Tagen rekristallisiert sich die Masse, wird fest und kann aus der Form gelöst werden. Falls Sie eine sehr hohe Form gewählt

◄ Zwiebeln sind die Allzweckwaffe im Stall. Sie helfen gegen Husten und sie sorgen für glänzende Hufe.

seln kann man einen An-
ti-Erkältungstee kochen.
Dazu wird eine Handvoll
getrocknete Brennnesseln
mit kochendem Wasser
übergossen und darf
mindestens 10 Minuten
ziehen, bevor der Tee
lauwarm verfüttert wird.
Mag das Pferd ihn nicht,
gibt man einen Löffel
Honig oder Melasse zu.
Rechts: Getrocknete
Brennnessel kann man
auch direkt verfüttern.

haben, kann es sinnvoll sein, nach den ersten Stunden des Abkühlens noch etwas Puderxylit unterzurühren. Das beschleunigt die Kristallisierung."[23]

Damit wäre Ihr Pferd bei einer Erkältung versorgt. Ganz anders sieht es allerdings mit einem Husten aus, der durch Allergie oder Dämpfigkeit ausgelöst wird. Da können die Hausmittel nämlich nur Symptome lindern, kommen aber nicht an die Ursache heran und können auch keine Linderung auf längere Zeit erreichen. Die früheren Pferdeleute hatten zudem das Problem, dass Allergien damals noch nicht bekannt waren und darum meist mit Dämpfigkeit gleichgesetzt wurden. Das hat wohl auch zur Annahme geführt, dass es früher noch nicht so viele Allergien gegeben habe. Doch hier irrt man. Sie wurden früher nur sehr oft nicht diagnostiziert. Manche Berichte riechen aber verdächtig danach, wie zum Beispiel der von Friedrich Anton Zürn über die Tricks, mit denen Pferdehändler ihren Kunden ein dämpfiges Pferd für gesund andrehen wollten: „Gemeinhin pflegt er einen Dämpfigen 3 bis 6 Wochen, und noch län-

ger, in einem kühlen Stall zu halten oder noch besser ganz und gar im Freien." Im nächsten Satz steckt dann etwas Entscheidendes: „Dabei bekommt derselbe nur leichtes Futter, Grünfutter oder Kleie mit Häcksel, gar kein Heu und anstatt dessen blos Hafer- oder Weizenstroh. Die Symptome des Dampfes verschwinden dadurch fast ganz und das Atemholen geschieht hiernach beinahe nicht anders als bei einem gesunden Pferd. Füttert man aber nur einmal trockenes Futter oder viel Heu, so ist der Dampf in ganzer Stärke wieder vorhanden."[24]

Für mich würde die Beschreibung eher zu einem Allergiker passen, weil die Symptome der Dämpfigkeit normalerweise nicht schlagartig wieder verschwinden.

Im Grunde ist das aber hauptsächlich für den Tierarzt relevant, denn in der Behandlung, die wir dem krankem Pferd angedeihen lassen können, macht es keinen großen Unterschied, ob wir es mit einem Allergiker oder einem dämpfigen Pferd zu tun haben. In beiden Fällen gilt: frische Luft. Und frische Luft. Und noch mehr frische Luft. Und wenn Sie es dann noch schaffen, dass der Patient möglichst wenig Staub schlucken muss, kann auch ein so erkranktes Pferd alt werden und dabei noch lange Leistung bringen.

Ein Beispiel dafür, wie gut ein chronisch dämpfiges Pferd bei richtiger Behandlung mit seiner Krankheit leben kann, war eine zierliche, braune Halbblutstute namens Fair Lady. Sie war Vielseitigkeitspferd und das so erfolgreich, dass ihr Ausbilder und Reiter Claus Erhorn 1984 bei der Olympiade in Los Angeles eine Mannschafts-Bronzemedaille mit ihr gewann. 1986 trug die Lady ihren Reiter bei den Weltmeisterschaften zum sechsten Platz. Damit nicht genug – die muntere Dame bekam nach ihrer Sportkarriere auch noch Fohlen. Und wer sie erlebte, steht seitdem vor der Frage, ob Pferde wirklich einen geschlossenen Stall brauchen. Fair Lady, in der Lüneburger Heide zuhause, begnügte sich nämlich mit einem Unterstand auf der Wiese und wenn sie auf Reisen ging, war der transportable Koppelzaun immer in ihrem Koffer. Dazu bekam sie natürlich spezielles Futter: Ihr Heu wurde vor dem Füttern systematisch und gründlich eingeweicht. Den Trick kannten übrigens auch schon die Alten – und von denen stammt der Rat, dem Einweichwasser eine Handvoll Salz beizusetzen. Dann kippt es nicht so schnell um und man kann es zwei-, dreimal benutzen. Sparsame Stallmeister verwendeten dafür übrigens Viehsalz – gibt es beim Landwirtschaftshandel und ist in den Mengen, in denen man es bei einem dämpfigen oder allergischen Pferd langfristig braucht, natürlich erheblich günstiger als Speisesalz.

Mit Volldampf – bei Pferden gar nicht gut

Wir haben die Dämpfigkeit bei Pferden nun schon so oft genannt, also wird es Zeit, die Krankheit und ihre Ursachen genauer zu betrachten. Bei der

Dämpfigkeit ist es so wie bei der Kolik: Die beste Behandlung ist die Prophylaxe. Dazu muss man aber erst einmal verstehen, was Dämpfigkeit ist und wie sie entsteht.

Vom Tierarzt werden sie übrigens den Begriff „Dämpfigkeit" nicht zu hören bekommen. Der redet bei dieser Lungenerkrankung kurz und knackig von COB – chronisch-obstruktiver Bronchitis. Das Schlüsselwort ist hier leider „chronisch" und im speziellen Fall bedeutet es: Bis aus einer akuten Bronchitis eine COB wird, dauert es eine Weile, aber dann wird das Pferd leider nicht mehr gesund.

Für COB stehen drei Hauptursachen: Staub, schlechte Luft und Schimmelsporen.

Staub ist in der Umgebung eines Pferdes fast unvermeidlich. Heu, Stroh und Hafer stauben, in der Reithalle tanzen Staubflocken und auf dem Sandplatz wird man an trockenen Sommertagen auch mit Staub gepudert. Ja, selbst beim Ausritt sind Ross und Reiter nicht vor Staub sicher – und dummerweise reagiert die Pferdelunge empfindlich darauf. Dabei muss man bedenken, dass es die

▼ Die beste Vorbeugung und Behandlung gegen chronischen Husten ist frische Luft – am besten 24 Stunden am Tag.

▲ Fenster im Stall bieten den Pferden nicht nur Aussicht, sondern sorgen auch für die Belüftung.

am Tag gründlich, sondern geht auch noch ein zweites Mal durch und entfernt dabei Rossäpfel und nasse Einstreu.

Schimmelpilzsporen – übrigens nicht nur für das Pferd, sondern auch für den Menschen ungesund – treten hauptsächlich im Heustaub auf und das leider schon, bevor man mit bloßem Auge am Heu etwas erkennen kann.

Wenn diese Belastungen zusammenkommen und überhand nehmen, kommt es beim Pferd zu einer allergischen Reaktion, in deren Folge sich die Atemwege verengen und verschleimen. Das Pferd beginnt zu husten. Wenn dann noch, was ja bei geschwächten Abwehrkräften nur zu leicht passieren kann, eine Viruserkrankung dazukommt, ist es passiert: Das Pferd kann den Schleim nicht mehr vollständig abhusten, die Lunge entzündet sich.

Diese Lungenentzündungen sind für ihre Hartnäckigkeit berühmt und berüchtigt. Es kommt nicht selten vor, dass das Pferd schon tagelang nicht mehr hustet und auch wieder munter wirkt, seine Lunge aber noch nicht ausgeheilt ist. Dann ist jede Anstrengung Gift für das angeschlagene Organ und kann dazu führen, dass aus der akuten Bronchitis eine COB wird. Das passiert alles andere als selten – Tierärzte schätzen, dass die Hälfte aller Pferde über 12 Jahre von einer mehr oder minder schlimmen Form von COB betroffen sind. Dabei waren es früher wahrscheinlich noch mehr und dazu hatte man damals noch keine cortisonhaltigen Wirkstoffe wie zum Beispiel Prednisolon, Budesonit und Fluticason, mit denen man akute Entzündungen in den Griff bekommen und damit eine Verschlechterung hin zur COB vermeiden kann.

Den Pferdeleuten früherer Zeiten fiel aber dennoch eine Menge ein, um ihren dämpfigen Pferden das Leben etwas leichter zu machen. Ihnen waren die Ursachen auch klar und so versuchten sie, die Staubbelastung zu verringern. Stallhygiene war die eine, immer wieder empfohlene Maßnahme; Heutunken eine andere und in Betrieben, die selbst

Summe ist, die es bei der Staubbelastung ausmacht, woraus resultiert, dass sich jede Maßnahme zur Staubvermeidung – angefangen davon, dass man die Stallgasse vor dem Zusammenkehren mit Wasser sprengt, Halle und Plätze wässert und Heu einweicht – lohnt.

„Schlechte Luft" als Belastung für die Pferdelunge – das bedeutet hauptsächlich Ammoniakdämpfe in ungenügend belüfteten Ställen. In der Beziehung geht es unseren Pferden heute besser als früher. Die meisten Ställe haben ausreichend Fenster und dadurch Luft und Licht. Letzteres, vor allem, wenn es in Form von Sonnenlicht kommt, wirkt nämlich antibakteriell.

Um Ammoniakdampf im Stall zu vermeiden, reicht es leider nicht, den Stall nur zu lüften. Mindestens genauso wichtig ist es, dass uringetränktes Stroh beziehungsweise Sägemehl immer wieder schnell entfernt wird. Wer die Lungen seiner Pferde gesund erhalten will, mistet nicht nur einmal

Heu machten, war die Herstellung und Verfütterung von Grassamenheu üblich. Dazu wurde Heu nach der Blüte geschnitten und gedroschen. Dadurch wurde die Staubbelastung durch Blütenpollen erheblich reduziert. Allerdings nimmt dadurch auch der Nährwert des Heus erheblich ab, was aber bei Robust- und Rehepferden durchaus ein Vorteil sein kann. Und was den Pferden dann eventuell fehlt, kann man durch Kraftfutter ausgleichen.

Sehr beliebt waren für erkrankte Pferde auch warme Umschläge mit Senfmehl. Ein Kilo davon wurde mit warmem Wasser angerührt und auf Lappen aus Leinwand (dafür sind alte Betttücher gut geeignet – und die findet man online sehr preiswert) verstrichen. Die Leinwand plus Senfmehl kommt dann auf die angefeuchtete Brust des Pferdes und wird mit einer Wolldecke und Gurten fixiert. Der Umschlag bleibt dann zwei bis drei Stunden am Pferd.

Wenn der Vierbeiner nicht mehr auf allen Vieren rundläuft

Welcher Reiter hat das noch nicht erlebt: Das Pferd geht lahm. Dafür gibt es zahlreiche Ursachen, angefangen vom vertretenen Bein, der gezerrten Sehne, Probleme mit den Hufen, Arthrose, Spat, Rückenprobleme – der Katalog scheint endlos und die Problematik beginnt ganz oft schon damit, zu erkennen, auf welchem Bein und in welchem Bereich desselben das Pferd eigentlich hinkt.

Der Tierarzt Dr. U. Fischer empfahl 1896, sich das lahme Pferd vorführen zu lassen. Dabei, so schrieb er, sehe man, „daß der gesunde Fuß ... stärker belastet wird als der kranke. Es ‚fällt' auf den gesunden Fuß. Dies hat zur Folge, daß der Hufschlag mit dem gesunden Bein lauter ist als derjenige mit dem kranken. Lahmt ein Pferd am Vorderfuß, so nickt es beim Belasten des gesunden Beines; ist der Sitz der Krankheit auf einem Hinter-

◄ Oben: Beim Einstreuen ist Staubentwicklung unvermeidlich. Empfindliche Pferde sollte man dabei auf die Koppel oder wenigstens aufs Paddock schicken.
Unten: Schauen Sie Ihr Stroh genau an! Hat es schimmelige oder feuchte Stellen, gehört es nicht in die Box, sondern direkt auf den Mist.

▲ *Bei Verdacht auf eine Lahmheit hilft der Galopptest: Einmal links, einmal rechts angaloppieren. Wenn das Pferd auf beiden Seiten willig anspringt, ist es in Ordnung.*

schenkel, so senkt sich die Kruppe auf der gesunden Seite tiefer als auf der kranken." [25]

Nach meiner Erfahrung bemerkt man eine aufkommende Lahmheit zuerst unter dem Sattel. Taktfehler, ein „Fast-stolpern", das Gefühl, dass es nicht so federt wie sonst, dass das Pferd nicht so locker ist oder nicht so „schreitet" – wer mit seinem Pferd vertraut ist, entwickelt ein Gefühl für seine Bewegung. Mir hat es dabei immer geholfen, mich auf meine Kehrseite zu konzentrieren, indem ich für einen Moment die Augen schließe. Schritt, Trab, Augen wieder auf und dann einmal auf beiden Händen angaloppieren. Dann weiß man meist, dass etwas nicht stimmt und wo das Problem sitzt.

In einem alten Pferdebuch konnte ich es dann nachlesen: Eine beginnende Spaterkrankung könne man auch daran erkennen, dass das Pferd das erkrankte Bein nicht mehr im Galopp belasten wolle. Das gilt auch für andere Lahmheiten im Hinterbein und bedeutet konkret: Wenn das Pferd rechts nicht gerne angaloppiert, kann man davon ausgehen, dass ihm das linke Hinterbein weh tut und andersherum.

Darauf bezog sich dann auch der Tipp, den mir einst der erfahrene Vielseitigkeitsreiter Ralf Ehrenbrink gegeben hat: „Wenn du dir nicht sicher bist, ob dein Partner in Ordnung ist, lass ihn angaloppieren. Wenn er auf beiden Seiten problemlos anspringt, musst du dir keine Sorgen machen."

Wenn aber nicht, sind nicht nur Ihre Fähigkeiten darin, die Lahmheit auf dem betroffenen Bein zu lokalisieren, gefragt, sondern auch die, die richtige Stelle zu finden. Dazu hatte der Infanterieoffizier L. von Hendebrand einen Tipp: Er empfahl, das Pferd auf Asphalt oder Pflaster marschieren zu lassen: „Wenn ein Pferd auf dem harten Boden ammeisten lahmt, so ist das ein Zeichen, dass ihm das Stützen des Körpers schwerfällt und schmerzt, und dann liegt das Übel unter zehn Fällen neunmal im Hufe; zeigt sich aber die Lahmheit am meisten auf weichem Boden, so liegt das Übel in den Muskeln und Sehnen, die der Fortbewegung dienen."[26]

So weit gediehen, müssen Sie entscheiden, wie schlimm die Lahmheit ist. Können Sie ihr noch mit Hausmitteln und etwas Ruhe zu Leibe rücken oder brauchen Sie den Tierarzt beziehungsweise Schmied? Ihre Erfahrung sagt Ihnen das und zudem sollten Sie sich eine Frist setzen, wie zum Beispiel: „Wenn es sich nach drei Tagen mit meiner Behandlung nicht wesentlich gebessert hat, rufe ich den Veterinär."

Vor dem Einsatz von Hausmitteln ist allerdings Fingerspitzengefühl gefragt. Sie sind sicher, dass das Problem an einer angeschlagenen Sehne liegt? Wie fühlt sich diese an? Tasten Sie das Bein konzentriert ab – ist die betroffene Stelle geschwollen, warm und vielleicht ein bisschen „schwammig"? Dann ist auf jeden Fall kühlen angesagt. Damit kann man zum Beispiel aufkommende Entzündungen oft im Ansatz erwischen und ausbremsen.

An der Stelle denke ich nun an meine vielen Sommeraufenthalte in Luhmühlen in der Lüneburger Heide. In dem kleinen Ort, in dem es definitiv mehr Pferde als Menschen gibt, ist der Boden ideal für Geländereiterei. Darum wird dort jedes Jahr eine internationale Vielseitigkeit ausgetragen. Und an den Tagen vorher ist regelmäßig Hochbetrieb an der Luhe, dem kleinen Fluss, der durch Luhmühlen fließt. Links und rechts von der Brücke, wo es flach ins Wasser geht, stehen Pferde zum Kühlen im Bach. Was könnte es an einem heißen Tag auch Erfrischenderes für angestrengte Pferdebeine geben? Und ein Buschreiter in Luhmühlen amüsierte mich besonders: Während sein vierbeiniger Kumpel seine Beine kühlte, saß sein Mensch mit einem Buch im Sattel und las.

Die segensreiche Wirkung von kaltem Wasser auf Pferdebeine ist schon sehr lange bekannt. Es ist wahrscheinlich kein Zufall, dass das baden-württembergische Haupt- und Landgestüt Marbach im Tal der Lauter erbaut wurde. Keine 100 Meter vom Gestütshof entfernt gibt es eine Furt durch den Bach und auch da stehen öfter vierbeinige Fußkranke.

▼ *Pferde wissen, was ihnen guttut. Ein Teich oder Bach ist ideal zum Kühlen angeschlagener Beine.*

Gegen Strahlfäule

Das beste Mittel gegen Strahlfäule ist natürlich Vorbeugung: saubere, trockene Einstreu, Ausritte und sorgfältige Hufhygiene. Ist es dann aber doch einmal passiert, hilft vor allem bei hartnäckigen Fällen eine Salbe aus 45 % destilliertem Wasser, 5 % Zinkchlorid und 50 % Zinkoxyd, die Sie sich in der Apotheke zusammenrühren lassen können. Die Salbe kann man auf etwas Watte auftragen, die Watte kommt in den betroffenen Strahl, Hufverband mit Panzerband drüber, einmal am Tag wechseln. Nach einer Woche spätestens sollte der Strahl wieder in Ordnung sein.

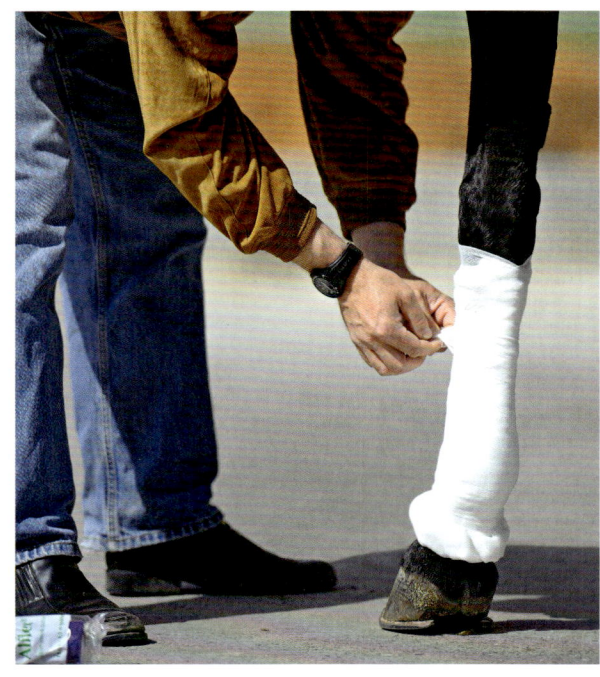

▲ Links: Nach dem
Reiten sollten Sie regel-
mäßig die Sehnen Ihres
Pferdes abtasten.
Rechts: Mit Bandagen
kann man – je nachdem,
was darunter ist – kühlen
oder wärmen.

Nun waren Bäche ja nicht überall verfügbar, so gehörte früher die Pferdeschwemme zu einem Stall, und wie wichtig sie einmal war, zeigt sich daran, dass sie oft durchaus großzügig und prachtvoll ausgestattet war – wie zum Beispiel in Salzburg.

Heute haben leider nur noch wenige Ställe eine Pferdeschwemme, aber dafür haben wir den Schlauch und im Reiterstübchen einen Kühlschrank. Mit Eis haben Pferdeleute auch schon früher angeschlagene Pferdebeine behandelt, allerdings hatte der alte Stallmeister einen Rat dazu: Er bandagierte das betroffene Bein vorher mit Leinenstreifen. Er wusste nämlich, dass Eis nie mit der ungeschützten Haut in Kontakt kommen sollte. Das Gewebe stirbt nämlich bei zu viel Kälte ab. Deswegen darf Eis auch nie länger als eine halbe Stunde angewandt werden.

Aber es gibt ja Alternativen zu Eis. Aus dem Rezeptbuch eines alten Pferdepflegers stammt zum Beispiel diese Mischung zum Kühlen: 1 Liter Spiritus, 50 g Kampfer, 100 g Terpentinöl, 50 g Schwefel-

äther, das Ganze gut geschüttelt. Damit werden die Pferdebeine nach der Arbeit eingerieben und anschließend für eine Stunde in Wollbandagen gepackt.

Riecht nicht gut, ist Ihnen nicht sympathisch? Okay, wie wäre es dann mit essigsaurer Tonerde? Gibt es in der Apotheke, wird mit Wasser angerührt, auf den Haxen gekleistert, darf kühlen und dabei antrocknen, und wird dann wieder abgewaschen. Dasselbe geht auch mit Quark: Kaufen Sie im Supermarkt eine Packung Quark und ab damit aufs Pferdebein – oder übrigens auch auf den Rücken, wo Quark zum Beispiel bei einem beginnenden Satteldruck helfen kann (dass Sie trotzdem den Sattler brauchen, der den Sattel passend macht, muss ich wohl nicht extra erwähnen). Der Quark darf trocknen, bis er bröckelt und wird dann wieder abgewaschen.

Dann haben wir auch noch das Spezialrezept für Kräuterhexen mit eigenem Garten: Arnika-Auszug. Arnika kann man ohne große Mühe im eigenen

Und noch mehr Kräuter empfahl der alte Gestüter zum Kühlen und Desinfizieren: Retterspitz. Das ist eine Mischung aus Kräuterextrakten, die es in der Apotheke in Form einer Tinktur und einer Salbe gibt. Mit der Tinktur – ebenso angewandt wie die Arnika-Essenz – kommt man sehr gut gegen angelaufene Sehnen an und sie wirkt übrigens sogar vorbeugend. Wenn Sie zum Beispiel ein Offenstallpferd für eine Weile in einer Box unterbringen müssen, können Sie es mit Retterspitz-Umschlägen vor dicken Beinen bewahren. Und mit Retterspitz-Salbe sind Ihr Pferd und Sie bei kleineren Verletzungen und Wundstellen gut bedient. Allerdings empfiehlt es sich, Kleidungsstücke und gesunde Haut vor der Salbe zu schützen. Sie ist nämlich giftgrün. Damit wurde schon so mancher wunde Reiterhintern auf dem Wanderritt für den nächsten Tag wieder fit gemacht und beim Gurtdruck meiner alten Stute hat sie auch geholfen.

◄ Zum Kühlen einer Entzündung am Pferdebein hilft essigsaure Tonerde aus der Apotheke.

Garten anpflanzen (oder in der Apotheke kaufen). Die Blüten werden getrocknet und in Alkohol (circa 30 Gramm trockene Blüten auf 200 ml 40 %igen Alkohol) angesetzt. Das Ganze ungefähr zwei Wochen lang an einer kühlen, dunklen Stelle stehen lassen, dann die Blüten abseien und die Tinktur noch einmal 10 Tage im Dunkeln (am besten in einer blauen oder grünen Flasche) ziehen lassen. Übrigens müssen Sie für die Arnika-Essenz gar keinen teuren Alkohol aus der Apotheke kaufen. Es funktioniert auch mit Wodka vom Discounter. Allerdings sollten Sie den Arnika-Auszug nicht innerlich anwenden – weder beim Pferd noch beim Menschen.

Äußerlich wird die Arnika-Essenz in Form eines Umschlags angewandt: Ein Stück Leinen oder Baumwolle mit Arnika-Essenz tränken und mit einer Wollbandage sichern – hilft bei Mensch und Pferd bei Muskelkater, Gelenkentzündungen aller Art, Sehnenscheidenentzündungen, Prellungen und Quetschungen.

Mauke: Ein altes Rezept

Es ist gar nicht schön: Die schlimme, alte Mauke ist wieder da. Sie kommt verbunden mit der Modeerscheinung Kötenbehang bei Friesen, Shires und Tinkern – und die Pferde haben dann mit Schmerzen dafür zu bezahlen, dass man ihnen diesen überflüssigen Behang angezüchtet hat. Dann braucht es nur noch ein paar feuchte Tage auf der Koppel und die Mauke gedeiht prachtvoll.

Die Pferdeleute vergangener Tage behandelten Mauke mit Honig oder einer Mischung aus Honig und Schweineschmalz. Außerdem rasierten sie den Kötenbehang – wenigstens, bis die Mauke ausgeheilt war.

An der Stelle schreien die Fans von Behang auf und erklären einem allen Ernstes, das einmal abgeschnittener Behang nie wieder so schön werde, wie er war, sondern „borstig" nachwachse. Mit Verlaub: Das ist Blödsinn! Wenn sich Haarstruktur durch Abschneiden oder Rasieren verändern würde, würden alle Frauen mit dünnen Haaren juchzen und sich den Kopf rasieren. Dafür würden aber tausende von Männern, die sich Jahre lang täglich rasieren, irgendwann als Borstentiere herumlaufen.

Die alte Methode gegen Rehe

Es war in Cumbria und dem armen Pony ging es mit einem massiven Reheschub wirklich schlecht. Die Besitzer hatten schon alles Mögliche versucht: Futter reduziert, wechselwarme Bäder, langsame Spaziergänge auf weichem Boden. Der junge Tierarzt war mit seinem Repertoire auch schon durch – und dann kam der Senior, schaute sich das Pony an und fand, dass es ein Kandidat für eine ganz alte Behandlungsmethode sei: Er ließ den Kleinen zur Ader und zapfte ihm eine ganze Menge Blut ab. Es sah sehr gruselig aus, aber es bewies, dass die Ärzte der Vergangenheit mit dieser Methode nicht immer danebengelegen hatten. Dem Pony ging es nämlich danach deutlich besser und nach einer Woche war die Rehe vollends ausgeheilt.

Wenn Wärme gut tut ...

Frische Verletzungen und Entzündungen sollte man mit Kälte behandeln. Alte Geschichten wollen dafür meist gewärmt werden – und auch darauf fiel unseren Vorfahren etwas ein. Die brachten sogar das Bügeleisen zum Einsatz: Ein Pferd mit Kreuzverschlag bekam eine Wolldecke – den berühmten Woilach, der auch als Satteldecke verwendet wurde – auf den Rücken und auf dem wurde „gebügelt", damit sich die verkrampften Muskeln unter der Wärme entspannen konnten. Mit einem Elektrobügeleisen sollte man im Stall besser nicht hantieren, aber ein heißer Stein erfüllt denselben Zweck.

Bei alten Entzündungen am Pferdebein empfahl der alte Stallmeister Waschungen mit warmem Salzwasser. Dazu wurden zwei Esslöffel Kochsalz oder Epsom Bittersalz in einem Eimer warmen

> ➤ Mit Panzerband aus dem Heimwerkermarkt kann man Hufverbände bestens befestigen.

Wassers aufgelöst und das Bein damit abgewaschen. Bei einem friedlichen Pferd kann man auch das Bein in den Eimer stellen und mit einem Schwamm immer wieder berieseln.

Ganz wichtig ist Wärme bei einem Hufgeschwür. Das sollte man schnellstmöglich zum Aufbrechen bringen. Also packt man den Huf warm ein. Unsere Vorgänger kannten allerlei Tricks, um einen Hufverband zu befestigen, aber die können wir vernachlässigen. Wir haben nämlich Plastiktüten und Panzerband (gibt es im Baumarkt). Damit kann man nicht nur wer weiß was befestigen, sondern hat auch kein Problem, wenn das Pferd damit durch seine Box wühlt. Wichtiger als die Frage, wie lange der Hufverband hält, ist allerdings die, was man überhaupt auf den Huf packt.

Dabei war man früher im Stall recht kreativ. Das Angebot zum Aufwärmen reichte von Kartoffeln und Leinsamen über Kleie zu Lehmpackungen. Kleie und Leinsamen wurden aufgekocht und als dicker, etwas abgekühlter Brei auf den warmen Huf aufgetragen. Den Lehm rührte man mit heißem Wasser an, die Kartoffeln wurden gekocht und zu Brei zerstampft. Über den Brei wurde dann die Hufsohle mit Watte gepolstert, darüber wickelte man dann einen Sack oder einen alten Lappen. Heute geht das mit einer zurechtgeschnittenen Plastiktüte und die wird dann zusammen mit dem ganzen Unterbau durch das Panzerband fixiert.

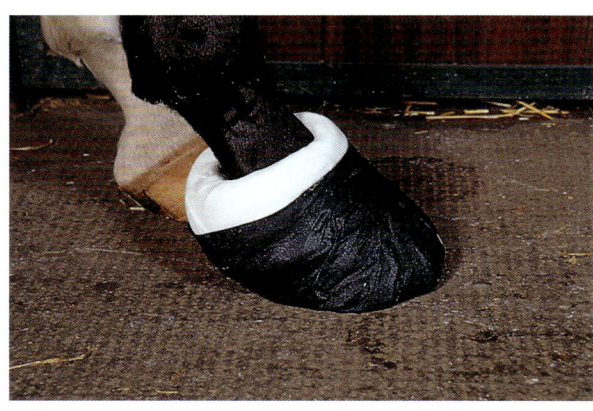

Schönheitspflege für den Vierbeiner

Bei mir war es eine Hochzeit. Ich war „Neu-Pferde-besitzerin", als eine Kameradin aus dem Stall heiratete und einlud, zu Pferd die Hochzeitskutsche zu begleiten und vor der Kirche Spalier zu stehen. Es war natürlich Ehrensache, zu dem Anlass mit auf Hochglanz polierten Stiefeln, weißer Reithose, Jackett und Reitkappe anzutreten. Dazu gehörte es auch, Pferdchen in ganzer Schönheit herauszustellen, also fing ich schon Stunden vorher an. Meine Kleine wurde gewaschen, shampooniert (sie war Schimmel und wie die meisten weißen Pferde hatte sie ein Faible dafür, im Mist zu schlafen) und eingedeckt, anschließend las ich ihren Schweif Haar für Haar aus, wusch auch ihn und flocht ihn zusammen. Mähne auszupfen, in Form schneiden, ebenfalls einflechten. Inzwischen war der Schweif trocken, also Zopf wieder entflechten, die nun gelockten Haare auskämmen und an der Schweifrübe wieder einflechten – Madame war ja im Hauptberuf Zuchtstute, lebte vorwiegend auf der Koppel und so wollte ich sie nicht des Schutzes ihrer Schweifrübe berauben. Am Ende der Prozedur, die sie – von mir immer wieder mit Karotten belohnt – brav ertragen hatte, sah sie wirklich toll aus und war dann vor der Kirche mein ganzer Stolz.

Heute grinse ich beim Gedanken daran, dass ich damals doch relativ wenig gemacht habe. Später habe ich dann nämlich Turnierpferde, Hengste und Verkaufspferde rausgeputzt – und da hatte ich dann eine ganze Menge Tricks gelernt.

Wenn ich heute den Schönheitssalon fürs Pferd eröffne, schleppe ich eine ganze Menge Ausrüstung an. Einige Utensilien auf meiner Liste werden Sie vielleicht erstaunen:

Putzzeug:
– Striegel (einmal Metall, einmal Gummi)
– Kardätsche (einmal normal, relativ hart; einmal Naturborsten, weich)
– Wurzelbürste
– Zahnbürste
– Hufkratzer mit Bürstchen
– Schwämme (mindestens zwei in verschiedenen Farben)
– Frotteetücher (möglichst zwei, alte Handtücher sind sehr geeignet)
– Fensterleder
– Gummihandschuh
– Epilierschere
– Haarbürste
– Verziehkamm

▲ *Wälzen ist Wonne pur – vor allem, wenn man Schimmel ist und sich dabei schön dreckig machen kann.*

Alles für die Kehrseite

Pferd geputzt, einbandagiert und eingeflochten, Schweif verlesen, alles perfekt – nur eines nicht: Die Schweifrübe ist borstig wie bei einem Stachelschwein. Ihnen wäre jetzt danach, den Rasierer einzusetzen?

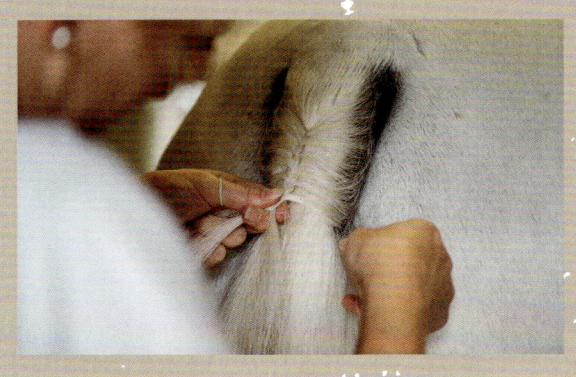

Bitte nicht! Und schon gar nicht bei einem Koppelpferd. Mutter Natur hat sich nämlich etwas dabei gedacht, als sie an der Stelle Haare wachsen ließ. Sie schützen die empfindlichen Geschlechtsteile.

Also müssen wir uns etwas einfallen lassen – und haben zwei Möglichkeiten: Am schnellsten geht es, wenn Sie die Schweifrübe einfach einbandagieren. Dabei sind Sie übrigens mit einer elastischen Binde aus der Apotheke (gibt's inzwischen auch in verschiedenen Farben) besser bedient als mit einer Wollbandage.

Die andere, elegantere, aber auch aufwändigere Lösung ist einflechten. Und dazu ein Rat aus Erfahrung: Lassen Sie es sich einmal von jemand zeigen, der es kann – und dann am besten zwei-, dreimal üben, damit es im Ernstfall nicht in totalen Stress ausartet.

– scharfes Messer
– Blumenspritze
– ein Stück Schaffell
– Badethermometer

Verbrauchsmaterial:
– Shampoo (es gibt Spezialshampoos für Pferde, doch die braucht es meiner Ansicht nach nicht. Ein normales, mildes Shampoo aus dem Supermarkt tut es)
– milde Seife, ph-neutral
– Babyöl
– Sägemehl
– Holzkohle
– Zwiebel
– weiße Kreide oder Babypuder
– Mähnengummis
– Wick Vaporub
– Einweghandschuhe
– Einwegmundschutz

– Haarspray
– Salmiakgeist

So, wenn wir alles zusammen haben, können wir loslegen. Ich hoffe nur, Sie haben genügend Zeit mitgebracht. Ein Pferd richtig schön zu machen, dauert nämlich mindestens so lange, wie eine ältere Diva für den großen Auftritt zu richten.

Während ich das schreibe, ist es Mitte Dezember, schon sehr kalt und feucht. Unser vierbeiniger Pflegefall war dennoch draußen und hat sich gewälzt, er ist also rundum schön mit angetrocknetem Moder paniert. An einem warmen Tag würden wir den Knaben (oder das Mädchen) erst einmal abduschen, shampoonieren und damit vom Dreck befreien. Im Dezember ist das nicht empfehlenswert – und das nicht nur, weil sich das Pferd dabei erkälten könnte, sondern auch, weil man ihm damit das schützende Hautfett aus dem Fell wäscht. Das braucht es aber im Winter, da sorgt es nämlich dafür, dass Regen oder Schnee nicht durch das Fell auf die Haut dringen können.

Wir können jetzt natürlich ausführlich schrubben. Wir können aber auch einen Trick aus dem Repertoire des alten Gestüters anwenden: Mit Wurzelbürste oder Striegel wird der gröbste Dreck aus dem Fell geputzt, danach legt man sich ein Häufchen leicht angefeuchtetes Sägemehl bereit. Nun wird die Bürste ins Sägemehl getaucht und das Zeug über das ganze Pferd verteilt. Dann wird ganz normal – mein alter Lehrmeister hätte dazu gesagt „Lange Striche, kurze Pausen" – mit Striegel und Kardätsche geputzt. Die ätherischen Öle des Sägemehls haben nämlich mittlerweile den Dreck gelöst und an sich gebunden, darum lässt er sich jetzt ohne Schrubben wegbürsten. Anschließend kommt

das Fensterleder zum Einsatz – und voilà, vor uns steht ein auf Hochglanz poliertes Pferd.

Es sei denn, bei Ihrem Prachtexemplar handelt es sich um einen Schimmel. Die haben bekanntlich ein Faible dafür, sich in den Mist zu legen, was hässliche grau-braune Flecken hinterlässt. Die entfernt das Sägemehl leider nicht. Nun gab es das Problem aber auch schon früher – und traf öfter Pferde, die sogar besonders gut herausgebracht werden mussten, weil sie von hohen Herren geritten wurden. Da war zum Beispiel Conde, der Schimmel, mit dem Friedrich der Große unterwegs war. Napoleon, der übrigens ein lausiger Reiter gewesen sein soll, ritt ebenfalls bevorzugt weiße Pferde. Und für Kaiser Franz Joseph I. von Österreich mussten im Sommer zweimal täglich vier

◄ Links: Geschniegelt, gestriegelt und eingeflochten für den großen Auftritt auf dem Turnier. Rechts oben: Die Putzgrundausstattung: Striegel, Kardätsche, Wurzelbürste, Hufkratzer Rechts unten: Und immer wieder Striegel ausklopfen …

Schimmel sauber sein – der Kaiser wohnte nämlich in Schloss Schönbrunn, arbeitete aber in der Hofburg und wurde mit einem Viererzug Lipizzaner hin- und herkutschiert.

Doch die Pferdepfleger im kaiserlichen Marstall bekamen auch mistbefleckte Lipizzaner sauber: Die gelben Stellen wurden erst einmal sorgfältig abgetrocknet, dann mit Holzkohle eingerieben und anschließend geputzt. Dabei ist das Trockenlegen ganz wichtig, sonst wird es nämlich eine Schmiererei. Doch trockene Holzkohle entfernt die Mistflecken aus dem Fell des Schimmels – und wenn man dann noch mit dem Fensterleder oder einem mit etwas Babyöl benetzten weichen Tuch nachpoliert, können sogar Schimmel glänzen.

So viel Aufwand wollten Sie eigentlich gar nicht betreiben? „Manchmal muss es halt schnell gehen", sagen Sie? Und wie das früher gemacht wurde? Tatsächlich hatten die Pferdeburschen auch für die „Katzenwäsche" eine Spezialmethode: Wenn das Pferd nicht zu verdreckt ist, wird mit einer Kardätsche und – statt dem Striegel – einem feuchten Schwamm geputzt. Die Kardätsche wird am Schwamm abgestrichen, der Staub und Schmutz werden daran gebunden. Einmal von vorne nach hinten und dann noch einmal mit einem Stück Schaffell oder einem weichen Lappen drüber polieren – für schnell reicht das.

Allerdings sollte man das Schnellverfahren nicht immer anwenden. Ausführliches Putzen hält das Pferd nämlich nicht nur sauber, sondern stärkt auch die Bindung zwischen Ross und Reiter. Es hat sogar noch mehr Vorteile: „Ein Pferd gut zu putzen, gewährt demselben unendliche größere Vorteile als man gewönlich glaubt. Es veranlasst das Zuströmen des Blutes zur Oberfläche des Körpers, verhindert dadurch eine Stockung der Säfte in den inneren, edlen Organen, befördert die allgemeine Circulation des ganzen Systems, gibt der Lunge Elastizität und unterstützt wesentlich Athem und Verdauung."[27]

Friedrich Beck, der das 1878 geschrieben hat, hatte recht: Putzen ist Massage für das Pferd und sorgt für eine gute Durchblutung. Außerdem hat das Putzen vor dem Reiten auch einen positiven Effekt für den Reiter: Er wird gleich aufgewärmt und für den nachfolgenden Ritt locker.

So, nun haben wir ein Pferd mit sauberem Fell. Ich finde, dass das ein toller Zustand ist. Die meisten Pferde sehen das aber nicht so. Bei ihnen gehören ordentliche Staub- und Schlammbäder nämlich auch zur Hautpflege. Das erkannten auch die Kavalleristen vergangener Zeiten an: „Es wird als Zeichen von Gesundheit gesehen, wenn Pferde vom Ritte oder von der Arbeit in den Stall zurückgekehrt und abgesattelt oder abgeschirrt, sich alsbald schütteln, oder in der Streu wälzen."[28]

Gönnen Sie Ihrem Pferd die Freude, Sie ersparen sich damit Arbeit. Beim Wälzen, in der Box oder Reitbahn, massieren sich unsere Vierbeiner nämlich Sand oder Sägemehl ins Fell. Dadurch wird der Schweiß gebunden und das Pferd trocknet schneller ab. Wälzen bringt auf jeden Fall mehr als das Abwischen mit Stroh.

Das Schlammbad im Sommer erfreut die meisten Reiter wenig, weil sie nachher das Rösslein wieder sauber schrubben müssen. Dennoch sollten Sie Ihrem Partner das Wälzen in der Schlammpfütze nicht verwehren. Der getrocknete Moder schützt sie nämlich vor Insekten.

Überhaupt sollte man es mit der Sauberkeit nicht übertreiben. Mein Lehrmeister brummte, „Ich züchte doch keine Seepferdchen!", wenn wir seiner Ansicht nach mal wieder zu viel mit Wasser pritschelten, und Herr Beck fand, dass man sogar mit Striegel und Kardätsche übertreiben könne: „Wahrhaft lächerlich ist es, wenn man mit Händen in weissen Handschuhen die Haut überfahrend die Pflege der Pferde kontrollieren will, und dabei verlangt, dass der Handschuh nicht beschmutzt werde. Die Haut eines gesunden Pferdes produciert immerwährend Ausscheidungen, welche einen Handschuh beschmutzen werden, und wenn man sich die Mühe gibt, jede Spur davon wegzuwischen, so entsteht eine Überreizung der Haut und ihrer Nerven, so dass die Haut bei ungünstigen Einflüssen, bei Kälte, Nässe Not leidet und so empfindlich wird, dass die leiseste mechanische Einwirkung einen unerträglichen Kitzel verursacht. Daher kommt die Neigung zu Erkältungen und die Unart beim Putzen solcher Pferde." [29]

Ich vermute, Sie haben sich über das Wick Vaporub auf meiner Inventarliste gewundert und wahrscheinlich überlegt, was ich damit vorhabe. Bei mir kommt das Zeug bei einem Putzjob zum Einsatz, vor dem ich mich gern drücken würde, um den man aber, wenn man für ein männliches Pferd zuständig ist, nicht herumkommt. Sie ahnen jetzt, worum es geht? Genau: Intimpflege, beim Hengst beziehungsweise Wallach, schätzungsweise alle drei Monate erforderlich. Bei mir beginnt die Prozedur mit dem Wick Vaporub, das ich großzügig auf einen Einwegmundschutz auftrage, bevor ich

▼ Links: Ausführlich wälzen – am liebsten auf Sand – gehört beim Pferd zur Hautpflege. Rechts: Nach dem Wälzen ist Schubbern am nächstgelegenen Baum dran.

➤ Im Sommer werden unsere Vierbeiner von Insekten geplagt. Ein wirklich profundes Mittel dagegen ist noch nicht erfunden.

den anlege. Dann noch Einweghandschuhe anziehen – der Geruch von der Pferdeintimpflege haftet sonst ewig – und ich bin einsatzbereit.

Als Nächstes brauche ich einen Eimer mit 41 °C warmem Wasser. Dafür brauche ich das Badethermometer – und die 41 °C ergeben sich daraus, dass das die Innentemperatur in der Scheide einer Stute ist. Die ist den Pferdeherren – auch den Wallachen, die das Vergnügen nie haben werden – angenehm. Eine möglichst ph-neutrale, milde Seife oder Waschlotion, sparsam ins Wasser eingebracht, erleichtert dann die Sache.

Aber wie bringt man Herrn Pferd dazu, seine „private parts" in ganzer Länge zu zeigen? Ich habe diesbezüglich einige alte Bücher gewälzt, aber entweder waren die alten Pferdeleute sehr diskret oder

sie hatten auch kein Patentrezept. Nach meiner Erfahrung gibt es auch keines, außer dass man versuchen sollte, die Putzaktion am möglichst entspannten Pferd auszuführen. Dann ist die Chance, dass der Junge etwas baumeln lässt, am größten.

Egal wie – fangen Sie von außen an und waschen Sie ruhig und gründlich um den Schlauch herum. Danach geht's hinein ins volle Pferdeleben: Sie führen den Schwamm in die Hautfalten ein und waschen sie sanft, aber gründlich aus (und spätestens jetzt werden Sie für das Wick Vaporub dankbar sein). Ist dies dem Pferdeknaben angenehm, wird er ausschachten und Sie können den Schlauch gründlich säubern. Ich habe allerdings auch schon Pferde erlebt, die das Wasch-Prozedere strikt ablehnen und dies deutlich zeigen.

Zeigt her eure Beine, zeigt her eure Huf'!

Zu einem rundum sauberen, vorführbereiten Pferd gehören selbstverständlich auch saubere Beine und Hufe. Wenn es um eine Dressurprüfung geht, haben sie die sogar „nackt ohne alles" zu präsentieren. Das kann bei einem Pferd mit bunten Beinen etwas problematisch sein – nämlich dann, wenn die Zeichnung unregelmäßig ist. Vorne links hochweiß, vorne rechts weißer Kronrand – das kann für Dressurrichter irritierend sein und aussehen, als ob das Pferd nicht ganz sauber tritt. Wenn man Glück hat und die Abzeichen an den zwei zueinander gehörenden Beinen nicht zu weit auseinander sind, kann man tricksen: Links und rechts vorne weiß, aber auf einem Bein zwei Fingerbreit weniger als auf dem anderen? Mit etwas Kreide oder Babypuder kann man vorsichtig Ausgleich betreiben. Und ebenso kann man mit Kreide oder Babypuder angegilbtes Weiß an den Beinen auffrischen.

Wenn man ein Pferd für den Verkauf oder eine Show vorzustellen hat, wird traditionsgemäß auf allen Vieren weiß einbandagiert. Besitzer von Einzelpferden verwenden dafür heute meist pflegeleichte Fleece-Bandagen. Aber wenn man eine ganze Reihe Pferde zu zeigen hat, würde das sehr ins Geld gehen. Dann empfehlen sich elastische Binden aus der Apotheke (für Ponys und Kleinpferde braucht man zwei Meter, für Großpferde drei). Die haben auch den Vorteil, dass man sie sehr heiß waschen und im Notfall – zum Beispiel bei Milbenbefall – sogar bügeln (oder mangeln) und dadurch keimfrei machen kann.

Der Haken ist nur, dass diese Bandagen beim Waschen Falten schlagen und dann schwer aufzurollen sind. Mir hat ein alter Gestüter einmal vorgeführt, wie man damit effizient klarkommt: Er band das innere Ende der Bandage – also das, mit dem man nachher zu wickeln anfängt – an ein Boxengitter und trat dann so weit zurück, dass der Stoff gespannt war. Nun wickeln und dabei immer wieder einen Schritt vorwärts – die Bandage ist stramm und glatt gewickelt und das Verfahren hat außerdem den Vorteil, dass man damit nie am falschen Ende anfangen kann.

Zum ordentlich geputzten Pferd gehören natürlich auch saubere Hufe. Dass die ordentlich ausgeschnitten und glatt gefeilt sein sollten, versteht sich von selbst. Nun hätten es die meisten Reiter(innen) auch noch gerne glänzend, weswegen sie wahre Orgien mit Huffett feiern. Von meinem Lehrmeister hätten sie dafür skeptische Blicke und den Hinweis, dass allzu viel in dem Fall wirklich ungesund ist, eingesammelt. Dabei war er in voller Übereinstimmung mit so manchem seiner Vorgänger. Unser schon öfter zitierter Friedrich Beck schrieb: „Die Hufsalben sind durchaus kein Befeuchtungsmittel des Hufes. Durchschnitte des Hufhorns haben gelehrt, dass die fetten Hufsalben nur die

▼ *Bei Dressurprüfungen werden Pferde „ohne alles" vorgestellt. Die Richter wollen die Beine ohne Bandagen oder Gamaschen sehen.*

äußersten Schichten dieses Hornschuhs durchdringen ... überdies verhindern die Hufsalben, da sich Staub und Unreinheiten mit der Salbe mengen und krustenartig um die Oberfläche des Hornschuhs legen, die wohltätige Einwirkung der Feuchtigkeit, der Luft und des Sonnenlichts ...“ [30]

Sie wollen aber trotzdem gerne glänzende Hufe? Keine Sorge, die Altvorderen hatten auch dafür einen „Life Hack" – und ich habe das Zubehör schon in unserer Inventarliste. Reinigen Sie die Hufe rundum, dann schneiden Sie eine Zwiebel in der Mitte durch. Polieren Sie die Hufe mit der frischen Schnittfläche der Zwiebel. Der Effekt ist vom feinsten: Der Huf glänzt wie lackiert, und bis Sie in die Reithalle beziehungsweise auf den Platz kommen, ist der Zwiebelsaft angetrocknet und so glatt, dass daran, im Gegensatz zum Huffett, nichts hängen bleibt.

Unsere Vorfahren hatten übrigens auch diverse Hausmittel und Tricks bei schlechtem Hufwachstum, spröden Hufen und schlecht haltenden Hufnägeln. Bei Ersterem kam das Zahnbürstchen mit Lorbeeröl zum Einsatz. Damit wurde regelmäßig der Kronrand massiert. Schaden kann das sicher nicht, aber ich denke, außerdem in Absprache mit dem Tierarzt Biotin zu füttern, trägt auch zur Lösung des Problems bei.

Gegen sprödes Horn mischten die alten Stallmeister eine Salbe zusammen: 2 Loth Wachs, ein Pfund ungesalzes Schweinefett, Saft von 8 bis 12 Zwiebeln, 4 bis 6 Loth Kienruß (ein Loth entsprach übrigens in Preußen 16,66 g). Wachs und Schweinefett wurden in einem Töpfchen geschmolzen, die Salbe wurde dann – natürlich abgekühlt – zweimal täglich auf den Huf aufgetragen.

Bleiben schließlich die schlecht haltenden Nägel: Da fütterte man früher pro Tag zwei Esslöffel Gelatine – und die Methode funktioniert auch heute noch und übrigens: Mit einem Teelöffel Gelatine pro Tag kann Frauchen dann ihre brüchigen Nägel stärken.

Die Ausgehfrisur für den Vierbeiner

Früher brauchten Pferdepfleger deutlich mehr Geduld als heute. Wenn man nämlich liest, wie Pferde damals frisiert wurden, kann man nur die Sorgfalt bewundern, mit der man offenkundig zu Werke ging. Da wurden Schweife nämlich noch „verlesen", das heißt, man hat Haar für Haar einzeln aussortiert. Eine Bürste oder ein Kamm durfte dem kostbaren Schweif dabei nicht in die Nähe kommen – damit hätte man ja ein Haar ausreißen können.

Stattdessen – ich habe Schweif auslesen noch nach der althergebrachten Methode gelernt – nahm man den ganzen Schweif kurz unterhalb der Schweifwurzel in die eine Hand und verwendete die andere, Haar für Haar herauszuziehen – aber bitte sanft! – und befreit sie von eventuell anhängenden Sroh- und Heuresten. Danach werden die Haare ordentlich wieder nebeneinander gehängt.

Für die Sonntags- oder Ausgehfrisur ging es dann noch weiter: Der aussortierte Schweif wurde mit warmem Wasser und etwas milder Seife gewaschen und noch feucht zum Zopf geflochten. Dann durfte er trocknen und wurde wieder ausgeflochten. Nun fiel er in sanften Wellen und sah –

➤ Frisch gewaschene und geschrubbte Hufe sind Voraussetzung für die weitere Hufpflege.

vor allem, wenn er noch einmal ausgelesen wurde – voluminöser aus.

Die Mühe können Sie sich heute wirklich sparen – wenn Sie ein Schweifspray einsetzen. Die enthalten meist Silikon, das sich als glättende Schicht um die einzelnen Schweifhaare legt. Dadurch besteht keine Gefahr mehr, dass sich die Haare ineinander verhaken und man sie beim Durchbürsten ausreißt. Waschen und Einflechten ist aber immer noch eine gute Methode, um Volumen in den Schweif zu bringen. Und dazu weiß ich Ihnen dann noch einen modernen Trick: Nehmen Sie den durchgekämmten Schweif ziemlich weit unten in eine Hand und lassen Sie ihn langsam, Haar für Haar, gegen den Sprühstoß aus einer Dose Haarspray fallen. Damit kann man das dünnste Rattenschwänzchen zum Prachtschweif aufplustern.

Bleibt schließlich noch das Begradigen des Schweifs. Die Problematik dabei ist, dass Sie ja leicht schräg schneiden müssen, damit es nachher beim gerittenen Pferd, das ja hoffentlich die Hinterhand unter den Schwerpunkt schiebt, richtig aussieht. Aber das ist gar nicht so schwer: Bürsten Sie den Schweif auf, dann stellen Sie sich mit dem Rücken zum Pferd dicht dahinter und hängen sich den Schweif über die Schulter (im Zweifelsfall müssen Sie ein wenig in die Knie gehen). Wenn Sie den Schweif nun gerade abschneiden, kommt es genau hin.

Und nachdem Sie nun hinten am Pferd fertig sind, können Sie vorne an der Mähne weitermachen. Aber bitte Finger weg von den Stirnfransen! An denen sollte man besser nicht herumschnippeln – und wenn es einmal wirklich sein muss, nur ganz, ganz vorsichtig etwas kürzen, aber nicht gerade schneiden.

Was nun aber die Mähne angeht, sollten Sie sich Ihr Pferd genau ansehen, bevor Sie ihm eine Frisur verpassen. Nach meiner Erfahrung sehen die meisten Sportpferde mit einer relativ kurzen, gerade geschnittenen Mähne, die nach einer Seite fällt, am

◄ *Konzertierte Aktion am Schweif: Vorbehandlung mit Schweifspray (oben) und dann nach alter Väter Sitte verlesen (unten)*

besten aus. Fjordpferden steht die klassische Steh-
mähne, wobei der erfahrene Pferdefriseur da
außen etwas kürzer schneidet als innen, wodurch
dann die schwarzen Haare des Aalstriches besonders schön zur Geltung kommen. Barockpferde
dagegen – vor allem die mit einem kräftigen Hals –
sollten die Mähne lang tragen, auch wenn das
bedeutet, dass man zum Reiten einflechten muss,
damit es kein Zügel-Haar-Chaos gibt.

Aber zum Einflechten muss die Mähne gepflegt
sein. Bei einer recht dicken Mähne heißt das, dass
man sie immer mal wieder verziehen, das heißt
„ausdünnen" muss. Das geht nicht mit der Schere.
Mit der erwischt man fast immer zu viele Haare
auf einmal und haut eine „Macke" in die Pracht.
Und schlimmer noch: Die nachwachsenden Haare
stehen nachher hoch und sehen aus wie Borsten.

Also ausreißen – und dazu dient der kleine Verziehkamm aus Metall. Das zu entfernende Haar
wird darum herumgewickelt und dann mit einem
raschen Ruck entfernt – und nein, das macht dem
Pferd nicht viel aus. Der Mähnenkamm ist nicht
sehr empfindlich.

Zur Präsentation ist dann Einflechten angesagt.
Beim Sportpferd bedeutet das kleine, feste Einzel-
zöpfchen auf dem Mähnenkamm. Früher hat man
die übrigens festgenäht, heute kann man sich das
zum Glück sparen, indem man Mähnengummis
verwendet.

Lange Barockmähnen unterdessen werden mit
einem am Mähnenkamm entlanglaufenden Bauernzopf aufgeräumt. Für besondere Anlässe kann
man in den dann noch ein Band einflechten. Am
schicksten wird das beim französischen Cadre Noir
bei den Vorstellungen gezeigt, wobei das Band
beim Einzug zur großen Schulquadrille sogar als
Rangabzeichen dient: Die Pferde der „normalen"
Reiter tragen ein lila Band, das des Kommandeurs
wird mit gold-lila eingeflochten. Und damit man
die Farben gleich auf den ersten Blick erkennen
kann, werden die Bänder jeweils über ein Ohr
geführt.

So – nun ist unser Pferd also geputzt, einbandagiert, hat perfekt polierte Hüfchen und eine einge-
flochtene Mähne. Die Tasthaare an Kinn und Nase
bleiben unberührt, zu puschelige Haare in den
Ohren dürfen vorsichtig geschnitten werden. Da
fehlt nur noch die allerletzte Kleinigkeit: das Make-
Up fürs Pferd. Dazu nehmen Sie ein wenig Babyöl
auf den Zeigefinger und streichen damit über die
wichtigsten Konturen des Gesichts: einmal um die
Nüstern herum, die Oberlippe entlang und – aber
bitte wirklich vorsichtig und nur mit ganz wenig
Babyöl – um die Augen. An den Stellen ist ja auch
meist kein Fell und mit dem Öl bekommt die Haut
ein wenig Glanz und damit Kontur.

► Oben: Die klassische Sportpferdefrisur mit individuellem Touch: Oben werden kleine Perlen eingeflochten. Unten: Der Bauernzopf für langhaarige Barockpferde

◄ *Die Sonntags-Ausgeh-Frisur für die Herrschaften mit langer Mähne: Sie bekommen bunte Bänder eingeflochten.*

Die Ausstattung fürs Pferd

In seiner „Reitvorschrift für eine Geliebte" führte Rudolf Binding 1948 aus, dass eine Amazone mit Stil ihr Pferd im klassischen Look mit gedeckten Farben ausstatte. Das Pferd, so befand Binding, sollte am besten ein Dunkelbrauner oder ein Rappe ohne auffällige Abzeichen sein und ans Pferd gehörte dann feines, braunes Leder ohne jeglichen Schnickschnack.

Ganz so puristisch müssen wir es heute nicht mehr betreiben, aber wenn ich ehrlich sein darf: Ich finde auch, dass am Pferd weniger meist mehr ist. Vor allem am Pferdekopf mag ich am liebsten edles, möglichst rundgenähtes Leder. Und Hilfszügel habe ich auch nie gemocht. Da denke ich immer an meinen alten Chef, der einmal einer

Reiterin, die mit Schlaufzügeln über den Hof kam, eine Briefmarke anbot. „Versandfertig verschnürt haben Sie Ihr Pferd ja schon."

Bei der Kavallerie sah man es ähnlich: „Die Eitelkeit führt so manchen zur Zäumung seines Pferdes mit verschiedenen Hilfszügeln, weil er dadurch das Aussehen eines gewandten Reiters zu gewinnen glaubt, dem es möglich ist, ein nur durch solche Mittel zu bändigendes Tiger zu zwingen; er beachtet nicht, dass gerade das Gegenteil den Beweis für den guten Reiter liefert, weil dieser durch seine Geschicklichkeit das leistet, wozu andere mechanische Hülfen brauchen.[31]

Sättel waren auch schon bei den Preußen ein Problem, vor allem, weil damals ja deutlich mehr Gewicht in den Sattel kam und die Pferde länger im Einsatz waren. Da war es besonders wichtig, dass der Sattel optimal passte. Deswegen hatten die meisten Kavalleristen etwas gegen Hilfsmittel wie Schweifriemen und Vorgurt.

Zum Schweifriemen fiel von Hendebrand ein, dass er meist „von Anfang an auf der Stelle" liege, „wohin der Sattel nicht rutschen soll". Und: „Er beeinträchtigt gewöhnlich die Bewegung der Schultern [und] ... drückt sehr leicht auf den Widerrist."

Man kommt nicht umhin, dem Pferd von einem guten Sattler einen optimal passenden Sattel verpassen zu lassen. Den sollte man dann allerdings nicht dadurch, dass man irgendwas darunter bastelt, wieder zu einer wackeligen Angelegenheit machen. Bei der Kavallerie war der Woilach, eine mehrfach gefaltete Wolldecke, als Sattelunterlage üblich. Der Woilach hatte den Vorteil, dass er Schweiß aufsaugte, gleichzeitig aber auch einigermaßen luftdurchlässig war, sodass unter dem Sattel keine Stauwärme entstand. Außerdem konnte man ein verschwitztes Pferd in einer Pause mit einem Woilach eindecken. Der Haken war allerdings, dass der Woilach sorgfältig gefaltet werden musste, damit darunter keine Druckstellen entstanden.

Offizierspferde trugen meist keinen Woilach, sondern bekamen nur ein Lederstück als Sattelunterlage. Dabei ging man durchaus richtig davon aus, dass ein gut verpasster Sattel keine zusätzliche Polsterung braucht, sondern nur einen dünnen, nicht auftragenden Schutz gegen Schweiß.

Leder war schon damals teuer und wertvoll, dementsprechend wurde es gut gepflegt. Daher sind auf uns jede Menge Tipps zur Lederpflege überkommen.

Lederpflege beginnt in der Sattelkammer, die trocken und luftig sein sollte. Außerdem sollte sie genug Platz bieten, dass jeder Sattel, jede Trense und jede Kandare einzeln aufgehängt werden können. Im Winter sollte die Sattelkammer geheizt sein, aber man sollte dennoch Leder nie direkt an der Heizung trocken. Schafft man es zudem noch, irgendwo eine Schale mit Wasser unterzubringen, hat man ein optimales Raumklima in der Sattelkammer.

Zu den Lederpflegetricks der alten Gestüter gehörte, dass sie ihr Leder immer sauber hielten. Die Trense wurde mindestens einmal in der Woche komplett auseinandergenommen und das Leder landete in einem Eimer mit lauwarmem Wasser und einem Schuss Salmiakgeist. Natürlich lässt man das Leder nicht total durchweichen, sondern macht es nur so nass, dass man den angetrockneten Schweiß mit einem weichen Lappen abwischen kann. Anschließend wird das Lederteil noch einmal mit Sattelseife abgewischt, abgetrocknet und darf trocknen, wobei es allerdings nicht zu nahe am Ofen liegen oder direkter Sonne ausgesetzt sein sollte.

Wenn das Leder fast trocken ist – es darf sich noch ein wenig klamm anfühlen –, wird es gefettet.

▼ Eberhard mit dem Bart, Herzog von Württemberg, Standbild im Hof des Alten Schlosses in Stuttgart

eine modernere Lösung, die zwar etwas zeitaufwändig ist, die sich bei mir aber sehr bewährt hat: Ich habe meine Hirschlederhose nach dem Waschen und Trocknen von innen mit Nivea Creme eingerieben. Das machte nicht nur das Leder angenehm weich, sondern schadete auch den Beinen nicht.

Wildlederbesätze am Sattel werden unweigerlich mit der Zeit dreckig und speckig. Dagegen hilft ein Brei aus Schlämmkreide (gibt es in der Apotheke) und Waschbenzin. Der wird ungefähr messerrückendick auf das Wildleder aufgetragen und darf antrocknen. Anschließend bürsten Sie ihn ab – und wenn Sie dazu eine Drahtbürste verwenden, ist das Leder nicht nur sauber, sondern auch wieder angeraut. Haben Sie keine Drahtbürste, gehen Sie danach mit ein wenig feinem Schmirgelpapier über das Leder.

Mein Großvater väterlicherseits war Schuhmacher und stellte noch Reitstiefel her. Von ihm über meinen Vater kam ein Tipp zu mir, wie man Reitstiefel (und andere Lederschuhe) passend macht. Und nein, mein Opa empfahl dafür keine unappetitlichen Körperausscheidungen, sondern entweder nasse Socken oder Aceton mit etwas Lederöl.

Die nassen Socken kamen zum Einsatz, wenn der Schuh insgesamt noch zu eng, hart oder unbequem war. Mit den nassen Socken in den Stiefel, ein wenig herummarschieren und abwarten, bis die Socken trocken sind. Bis dahin sollte sich auch der Stiefel entsprechend geweitet und in der Form dem Fuß angepasst haben. Aceton und Lederöl helfen gegen kleinere Druckstellen oder eine scheuernde Ferse. Da wird die Mischung mit einem weichen Lappen aufgetragen und dann der Fuß im Stiefel entsprechend bewegt. In dem Fall sollte eine Viertelstunde reichen.

Zum Schluss noch zwei Tipps aus Opas Trickkiste:
– Schuhwichse und Lederfett lassen sich besonders fein auftragen, wenn man sie vorher erwärmt.
– Mit einem Seidenstrumpf kann man Stiefel nach dem Putzen perfekt auf Hochglanz polieren.

◄ Zum Barockpferd gehört auch ein edel verziertes, barockes Reithalfter.

Darüber, ob man dafür besser Lederfett oder Lederöl verwendet, wurde übrigens schon vor 150 Jahren ohne Ergebnis debattiert. Es bleibt also Geschmackssache, wobei allerdings festgestellt werden muss, dass zu viel Öl das Leder schwammig macht. andererseits kann eine Nacht in einem Bad aus Lederöl einen hart gewordenen Lederzügel wieder geschmeidig und angenehm machen.

Bleibt schließlich noch die Pflege von Wildleder. Wenn es in Form von Waschleder am Hosenboden auftaucht oder gar als echte Hirschlederreithose: Der alte Stallmeister empfahl, es nach der (seltenen) Wäsche mit Glyzerin zu behandeln. Ich weiß

Im Sattel und vor der Kutsche

Unter dem Reiter, vor der Kutsche, bei der Arbeit ...

Der Gedanke, welchen Einfluss die Beziehung des Menschen zum Pferd auf unsere Geschichte und Kultur hatte und in welch langer Tradition ich als Reiterin stehe, macht mich demütig. Mir wird daran immer wieder klar, dass ich nur ein kleines Glied in einer langen Kette bin. König Darius aus Persien, der in seiner Grabinschrift eine ganze Liste seiner Errungenschaften aufführen lässt und zum Schluss sagt „Ich war ein Reiter"; Alexander der Große und sein Bucephalos; die mittelalterlichen Ritter – in ihrem Namen steckt ja schon, dass sie ohne Pferde nicht denkbar gewesen wären; die Reiter und endlich auch Reiterinnen des Barock – Maria Theresia, die Mutter Austriae, die als junge Frau nicht nur bei den prachtvollen „Pferdekarussells" mitgeritten ist, sondern sogar im Herrensitz auf die Jagd ging, und später dann die Frau ihres Nachfahren Franz Joseph I., die schöne Sissi, die als die beste und schneidigste Reiterin ihrer Zeit galt – ich bin auf ihren Spuren unterwegs.

Nach Sissis Zeit kamen dann schon die Dampfmaschinen und Verbrennungsmotoren, die die Vormachtstellung des Pferdes im Transportwesen beendeten. Dennoch verschwand es nicht aus dem Leben der Menschen. Und wenn man – was manche Evolutionsbiologen durchaus tun – die Schaffung von Nischen, in denen eine Art überleben kann, als „Leistung" betrachtet, haben die Pferde damit, dass sie es vom Arbeitskameraden zum Freizeitbegleiter geschafft haben, eine große vollbracht.

Für uns aber ergeben sich aus unserer Beziehung zum Pferd auch Verpflichtungen und nicht nur die, unsere Vierbeiner so pferdegerecht wie möglich zu halten und zu reiten, sondern auch die, das Wissen und die Kultur, die sich über Jahrhunderte angesammelt haben, zu erhalten. Das schöne ist aber, dass wir es hier nicht nur mit trockener Theorie zu tun haben, sondern dass die Kompetenz, die auf uns überkommen ist, praktisch anzuwenden ist. Damit können wir unserer Verpflichtung zur pferdegerechten Ausbildung und Reiterei gerecht werden.

Wer sich mit der Reiterei auseinandersetzt, begreift eines ganz schnell: Wirklich gut zu reiten

► Ganz in der großen Tradition der Dressurreiterei: Anja Beran auf dem 20-jährigen Lusitanohengst Pao

ist eine Kunst, die hinter anderen Künsten – Literatur, Malerei, Musik – nicht zurückstehen muss. Die Reitkunst fordert wie die anderen Künste Talent, Disziplin, zu erlernendes Handwerk, jede Menge Übung und eine gewisse Kreativität. Aber es kommt noch etwas Spannendes dazu: Nichts in der klassischen Reiterei ist „l'art pour'l art". Was nach einem kunstvollen Tanz aussieht, dient eben nicht nur der Schönheit, sondern auch der Gesundheit und dem Wohlbefinden der Pferde. Und die Reiterei wurde auch nicht am grünen Tisch entwickelt, sondern aus dem Alltäglichen der Praxis und aus den Anforderungen heraus, die sich wiederum aus der Anatomie und Physiologie des Pferdes ergeben.

Nicht als Reitpferd geboren

Auch wenn es manche Pferdeleute nicht gerne hören: Das Pferd – noch nicht einmal unsere Prachtexemplare mit ihren langen Stammbäumen – ist nicht dafür geschaffen, mit einem Menschen auf dem Rücken herumzulaufen. Wer meint, er könne sein Hottemäxchen „ganz natürlich" dahinwandeln lassen und müsse es nicht mit Gebiss, Anlehnung und was dergleichen „Zwangsmaßnahmen" mehr sind, ärgern, hat leider etwas Grundlegendes nicht verstanden. Es geht nämlich dabei, dass wir Pferden ein Gebiss ins Maul schieben und sie an die Hand reiten, nicht darum, ein menschliches Bedürfnis nach ständiger Kontrolle über das Pferd zu befriedigen.

Schauen Sie sich einmal an, wie ein ungerittenes Pferd sich bewegt. Sie werden feststellen, dass die meisten im Galopp nur ihre „Schokoladenseite" – also meist die rechte Hand – einsetzen. Und fast alle unausgebildeten Pferde sind etwas schief. Und dann gibt es auch noch eine ganze Menge, die mit hoch erhobenem Kopf „gegen" den Rücken gehen. Das ist alles kein Problem, damit kann man unbeschadet alt werden, wie zum Beispiel die Palomi-

nos, Friesen und Cremelos beim Circus Krone beweisen. Aber: Die haben nie einen Reiter getragen, sondern sind in der Freiheitsdressur gegangen.

Um das Reitergewicht langfristig unbeschadet tragen zu können, muss das Pferd nicht nur lernen, beide Vorderbeine gleichmäßig zu belasten und mehr Last mit der Hinterhand aufzunehmen, sondern es muss auch noch unter dem Reiter seine Balance finden. Dass das gar nicht so einfach ist, weiß jeder, der schon einmal eine Wanderung mit einem schweren Rucksack gemacht hat.

Es geht aber für das werdende Reitpferd noch weiter: Haben Sie schon einmal eine Abbildung von der Wirbelsäule des Pferdes gesehen? Sie können sie sich wie eine Brücke vorstellen, die Vor- und Hinterhand verbindet. Die Brücke ist elastisch. Nimmt das Pferd den Kopf nach oben, wird die Brücke nach unten durchgedrückt. Nun ist die Wirbelsäule aber oben mit den Dornfortsätzen bestückt, an denen Sehnen, Bänder und Muskeln

▲ Wer sagt denn, dass Handarbeit immer in der Halle oder auf dem Reitplatz stattfinden muss?

▲ Durch das Vorwärts-Abwärts kommt es zu einer positiven Spannung. Der Rücken wölbt sich auf, das große Nackenband kommt zum Tragen.

ansetzen. Wölbt sich die Wirbelsäule nach unten, berühren sich oben die Dornfortsätze. Kommt dann noch Belastung darauf, reiben sie sich aneinander. Wenn das öfter passiert, entzünden sich die Dornfortsätze. Schließlich verknorpeln sie. Das nennen Tierärzte „Kissing-Spine-Syndrom" – und etwas Ähnliches gibt es übrigens auch beim Menschen, dort „Morbus Baastrup" genannt. Das Kissing-Spine-Syndrom ist ausgesprochen schmerzhaft fürs Pferd. Sein Rücken versteift sich, oft genug geht es lahm, lässt sich nicht mehr gerne den Sattel auflegen und wird am Ende zum Reiten unbrauchbar.

Es ist die Aufgabe der Reitausbildung und der Gymnastizierung des Pferdes, solche Erscheinungen zu verhindern. Dabei hat der Reiter einen Helfer: das große Nackenband des Pferdes. Das verläuft ungefähr von den Ohren über den Hals und Rücken bis zum Ansatz des Schweifes. Dieses Band ist so stark, dass es, wenn das Pferd es in

positive Spannung bringt, den Reiter tragen kann. Der Reiter sitzt also nicht auf der Wirbelsäule des Pferdes und belastet auch nicht nur die Rückenmuskulatur. Ist das Nackenband im Einsatz, kann sich der Rücken des Pferdes aufwölben. Damit erreichen wir den gegenteiligen Effekt vom Kissing-Spine-Syndrom: Die Dornfortsätze entfernen sich voneinander, der Rücken kann sich frei bewegen.

Aber wie bringt man ein Pferd dazu, sein großes Nackenband anzuspannen? Eigentlich geht es ganz einfach: Das Pferd muss nur Kopf und Hals beugen. Das berühmte, von Reitlehrern bis zum Abwinken eingeforderte „vorwärts-abwärts" ist im Grunde das Kürzel für „sorge dafür, dass dein Pferd das große Nackenband anspannt und den Rücken aufwölbt". Dazu aber braucht es Balance und mit der tut sich das Pferd – zumindest bis es die entsprechende Muskulatur entwickelt hat – am leichtesten, wenn es Anlehnung an der Reiterhand findet. Und wenn das Pferd dann noch lernt, die Hinterhand mehr unter den Körper zu bringen und damit Gewicht aufzunehmen, entlastet es die Vorderbeine und kann sich dadurch nicht nur ausdrucksvoller bewegen, sondern hat auch eine Chance, seinen Job als Reitpferd viele Jahre lang ohne körperliche Schäden machen zu können.

Darum wird es auf den folgenden Seiten gehen. Aber bitte, erwarten Sie hier keine Reitlehre mit den „Wie man eine Piaffe reitet"-Anweisungen. Eine solche sollten Sie zusätzlich zu diesem Buch im Regal haben. Hier wird es um die klassische Reiterei gehen, wobei wir uns nicht über Details, sondern über die Zusammenhänge und das „große Bild" unterhalten. Damit wird das Kapitel dann hoffentlich auch für die Anhänger anderer Reitstile, wie zum Beispiel Western oder Gangpferdereiterei, interessant. Die Prinzipien und die Zielsetzung guter Reiterei sind nämlich vom Stil unabhängig. Im Grunde läuft es immer auf denselben, alten Satz hinaus: Richte dein Pferd gerade und reite es vorwärts.

Die Basis: Handarbeit und Longe

Wer hat's wohl erfunden? Zu Xenophons Zeiten war es anscheinend noch nicht üblich, das Pferd an die Leine zu nehmen und um sich herumlaufen zu lassen. Und ob die Griechen ihre Pferde schon an der Hand gearbeitet haben? Xenophon und Simon haben nichts darüber geschrieben – oder haben sie und die Dokumente sind verloren gegangen? Wir werden es wohl nie erfahren.

Das Mittelalter ist eine Art „schwarzes Loch" für die Hippologen. Die Literatur dieser Zeit wurde vorwiegend in Klöstern produziert und die frommen Mönche hatten mit der Reiterei offenkundig nicht viel im Sinn. Zudem waren die, die sich damals hauptsächlich mit Pferden beschäftigten, sehr oft des Lesens gar nicht mächtig, was hätten sie also mit schlauen Büchern über's Reiten angefangen? Eine Ausnahme gibt es: In „De arte venandi cum avibus" („Von der Kunst, mit Vögeln zu jagen), dem berühmten Falkenbuch des Hohenstaufer-Kaisers Friedrich II., um 1245 herum geschrieben, finden sich auch ein paar Sätze über Pferde.

Im Barock können wir dann nicht mehr über einen Mangel an Literatur klagen. Die französischen Reitmeister Pluvinel und de la Guérinière, in England der Duke of Newcastle und Henry Herbert, 10th Earl of Pembroke, haben Reitlehren hinterlassen, die die Reiterei bis heute geprägt haben. Und bei ihnen sind dann auch Longe und Handarbeit wichtige Themen. Bevor wir aber nun tiefer in den Komplex einsteigen, möchte ich zwei Punkte abklären.

Im ersten geht es um Longe – und dass wir uns da klarmachen müssen, dass das Longieren zwei verschiedene Zielsetzungen haben kann: Es kann – und das sogar sehr gut – der Ausbildung und Gym-nastizierung des Pferdes dienen. Es kann – und soll – aber auch in der Ausbildung und im Training des Reiters eingesetzt werden. Beides sollte nicht unterschätzt werden und beides gehört nicht nur zur Ausbildung des Dressurpferdes und -reiters, sondern dient ebenso Geländepferden, Gangpferden, Westernpferden, Ponys und Fahrpferden. Was immer Sie mit einem Pferd anstellen wollen – das Longieren sollte immer am Anfang der Ausbildung stehen und kann Ihnen auch später immer beim Training helfen.

Der zweite Punkt ist mir ein persönliches Anliegen. ich habe immer gerne und viel longiert und ich bilde mir ein, es recht gut zu beherrschen. Dennoch würde ich kein Pferd an der Trense longieren. Ich hatte zu Ausbildungszwecken bei manchen meiner Pferde auch an der Longe ein Gebiss im

▼ *Speziell junge Pferde in der Grundausbildung sollte man nie am Gebiss, sondern immer am Kappzaum longieren.*

Pferdemaul, ich habe manchmal daran ausgebunden, aber die Longe gehörte nicht an das Gebiss. Nie. Nicht einmal, wenn ich ein Pferd „nur kurz" vor dem Reiten an der Longe aufwärmen oder ihm ein bisschen den Dampf ablassen wollte. Dann ist mir ein Stallhalfter über dem Zaumzeug mit der Trense immer noch sympathischer als eine Longe im Trensenring.

Aber normalerweise gehört zur Longe der Kappzaum. Ein solcher kostet heute kein Vermögen, obwohl ich jedem, der öfter longiert, anraten würde, sich einen gut verarbeiteten, stabilen Lederkappzaum anzuschaffen.

Ich habe bei dem Thema die klassische Ausbilderin Anja Beran im Ohr: „Das Maul ist heilig." Mit dem Kappzaum wird das Maul geschont. Selbst wenn der Vierbeiner an der Longe Temperament beweist und mal richtig losbuckelt – mit dem Kappzaum können Sie einwirken, ohne befürchten zu müssen, dem „heiligen" Maul weh zu tun und es abzustumpfen.

Für die Handarbeit sehe ich es ähnlich. Vor allem am Anfang, wenn Sie auch noch lernen, sollten Sie dabei kein Gebiss benutzen. Verwenden Sie stattdessen den Kappzaum oder auch das Knotenhalfter.

Wie wichtig die Handarbeit im Rahmen der klassischen Ausbildung ist, kann man bei der Morgenarbeit an der Spanischen Hofreitschule in Wien erleben. Da sind Pferde jeden Alters – von der fast noch rohen Remonte bis hin zum voll ausgebildeten Spezialisten – an der Hand ihrer Reiter unterwegs. Außerdem werden immer wieder Schimmel zwischen die Pilaren gestellt, die übrigens eine Erfindung des Monsieur Pluvinel sind.

Was mich immer besonders beeindruckt, ist die Handarbeit mit jungen Pferden. Dabei fällt mir nämlich eine Freundin – eine sehr erfahrene Reiterin und Ausbilderin – ein, die sich einen ungerittenen Dreijährigen anschaffte. Der Junge war noch sehr mit Wachsen beschäftigt und so eindeutig spätreif, dass an Anreiten noch lange nicht zu den-

ken war. Dennoch wollte meine Freundin schon anfangen, eine Beziehung zu ihm aufzubauen und ihn auf die Reiterei vorzubereiten. So wurden es erst einmal Waldspaziergänge an der Hand. Dabei stellte die Freundin fest, dass der Kleine ausgesprochen lernwillig war. Er wollte beschäftigt werden – und so wurde es Handarbeit, angelehnt an die Methode von Fritz Stahlecker. Das Jungpferd lernte an der Hand mit dem Kappzaum, sich geradezurichten, es übte die Ansätze zu Seitengängen wie Schulterherein und Traversale, es hatte jede Menge Spaß am Spanischen Schritt und trainierte dabei gleich, seine Hinterhand zum Tragen einzusetzen und die Schulter frei zu bekommen. Und als der junge Wallach dann an die Longe und schließlich unter den Sattel kam, hat er nicht ein einziges Mal gebockt oder erschreckt gewirkt. Er kannte die Kommandos ja und er hatte ein so tiefes Vertrauensverhältnis zu seiner Ausbilderin aufgebaut, dass er an ihrer Hand durch die Hölle und wieder zurück gegangen wäre.

Ich denke, der Aufbau des Vertrauensverhältnisses und das belastungsfreie Erlernen diverser Lektionen – so bilden zum Beispiel die Bereiter der Spanischen Hofreitschule in Wien wie auch die Iberer – und zu ihnen kann man auch Anja Beran zählen – die Piaffe gerne an der Hand aus. Es bietet sich auch an, über verkürzte Tritte in diese Richtung zu marschieren. An der Hand hat man nämlich das ganze Pferd im Blick, man kann ohne Umwege auf das Maul und die Hinterhand einwirken und das Pferd „formen".

Ausführlich mit dem Thema „Handarbeit" hat sich Alois Podhajsky auseinandergesetzt. Für den Olympiareiter, Kavallerieoffizier und langjährigen Leiter der Spanischen Hofreitschule war die Handarbeit vor allem ein Mittel, die Piaffe auszubilden. Und für ihn gehörte sie unbedingt zur klassischen Ausbildung des Pferdes. In „Die klassische Reitkunst" wird Podhajsky gleich zur Einleitung ins Thema „Handarbeit" deutlich: „Vor allem muss darauf hingewiesen werden, dass die Handarbeit ein gutes Hilfsmittel für die Ausbildung ist, aber keineswegs der Schonung und Bequemlichkeit des Reiters dient."[32]

Podhajsky führt dann weiter aus, dass vor allem beim jungen Pferd das „Vorwärts" erhalten werden müsse, und empfiehlt jede Menge Trabarbeit.

Demnach muss der Reiter gut zu Fuß sein und kann dabei auch gleich seine Kondition trainieren.

Ansonsten ging es in Wien sehr korrekt zur Sache: „Zur Handarbeit kommt das Pferd gesattelt und auf Trense gezäumt sowie mit dem Kappzaum versehen auf die Reitbahn ... Es wird nun in der Mitte der Bahn wie zum Longieren ausgebunden, doch ist darauf zu achten, dass die Ausbindezügel so kurz geschnallt werden, wie es die bisher erlernte Kopfhaltung erfordert." Podhajsky weist darauf hin, dass junge Pferde anfangs oft etwas nervös auf die Vorbereitungen zur Handarbeit reagieren und dass der Reiter trachten müsse, „das Pferd mit allen Mitteln zu beruhigen, um jede Steigerung der Nervosität zu verhindern und damit dem Auftreten von Spannungen vorzubeugen ..."

Podhajsky fängt immer auf der linken Hand an, weil das den meisten Pferden leichter fällt und er ist immer ganz aufs Pferd konzentriert, bereit, auch sehr subtile Signale wahrzunehmen und darauf zu reagieren. In dem Zusammenhang gibt er einen Rat, den man in der ganzen Pferdeausbildung nicht oft genug bedenken und anwenden kann: „... wenn sich das Pferd durch die Arbeit an

◄ Links: Ausbildung an der Hand: Das junge Pferd lernt die Grundlagen und baut Vertrauen auf.
Rechts: Der Braune ist schon etwas weiter und tritt mit Schwung seitwärts.

der Hand in den übrigen Übungen wesentlich verschlechtert, was manches Mal vorkommen kann, muß diese zunächst verschoben und zur grundlegenden Ausbildung zurückgegangen werden."

Podhajsky erwähnt immer wieder, dass dem Pferd das „Vorwärts" auch bei der Handarbeit erhalten werden müsse. „Der größte Fehler, den Ungeübte bei der Arbeit an der Hand machen können, liegt darin, daß Sie die piaffeartigen Tritte nur durch Touchieren mit Gerte und Peitsche fordern und dem Pferd fast gar nicht erlauben, nach vorwärts zu gehen. Mit einem Wort, sie fangen diese Arbeit beim Endstadium an, wozu dem Pferd noch die erforderlichen Voraussetzungen fehlen."

Ganz wichtig war ihm aber auch, dass Handarbeit und Reiten parallel stattfand – und das sollte man vor allem den Reitern heute ins Gebetbuch schreiben. Man kann sich heute nämlich manchmal des Eindrucks nicht erwehren, dass so mancher „Reitvermeidungsmethoden" entwickelt und versucht, möglichst Vieles vom Boden aus zu erledigen. Man muss sich aber bewusst sein, dass auch

▼ Eine Übung für Fortgeschrittene: Piaffe an der Hand

Pferde geritten werden, die letztendlich nur unter dem Sattel lernen können. Handarbeit ist nur eine Ergänzung zur Arbeit unter dem Sattel.

Bevor wir das Thema „Handarbeit" abschließen, möchte ich aber wenigstens noch kurz auf François Baucher eingehen. Der 1796 geborene Reitmeister veröffentlichte 1833 seine erste Reitlehre, die er 1864 in der 12. Auflage noch einmal komplett überarbeitete und die unter dem Titel „Méthode d'equitation basée sur de noveaux principes" bis heute diskutiert wird. Baucher könnte man als den „Erfinder" der beständigen Anlehnung bezeichnen, die ja über die HDV (Heeresdienstvorschrift für die Kavallerie) 12 in die Richtlinien für das Reiten der Deutschen Reiterlichen Vereinigung Eingang fand und prägend für die moderne Sportreiterei wurde. In Bauchers Ausbildungskonzept spielt die Handarbeit eine sehr große Rolle, wobei es ihm aber nicht wie Podhajsky um bestimmte Lektionen, sondern um die Biegsamkeit des Halses und die Reaktion des Mauls auf das Gebiss ging.

Was das angeht, wird mir beim Lesen von Bauchers Texten an manchen Stellen ganz anders. So beschreibt Baucher zum Beispiel die „Seitenbiegung des Halses (das Abbiegen und Abbrechen)" wie folgt: „Der Reiter stellt sich neben die Schulter des Pferdes ... er ergreift den rechten Trensenzügel, zieht ihn über den Hals an, sodass dieser als Stützpunkt des aufgelegten Zügels erscheint." [33] Und dann ist wirkliche „Handarbeit" angesagt: Die linke Hand hält den linken Zügel ca. 30 Zentimeter vom Mundstück entfernt. Wenn das Pferd dem Zug des rechten Zügels nachgibt und den Hals nach rechts biegt, lässt die linke Hand den Zügel durchrutschen. Falls aber nicht, korrigiert die linke Hand durch leichte Zügelanzüge. Und weiter geht es: „Sobald Kopf und Hals rechts vollständig nachgegeben haben, stellt der Abrichter beide Zügel gleichstark an, um so dem Kopfe eine senkrechte Stellung zu geben ... Von Wichtigkeit ist, dass ein Pferd nur dem Zügeldrucke folge und nichts von selbst tue. Das Pferd soll die reiterlichen Hilfen

chen – und da bin ich mit den alten Meistern einer Meinung. Ein unabhängiger Sitz – und den schulden wir unseren Pferden – ist ohne Longe, ein ordentliches Schulpferd, das nach vorne geht, und einen guten Reitlehrer nicht zu erarbeiten.

Das Longieren in der Ausbildung des Reiters war in Preußen besonders anspruchsvoll. Dort hatten die Reitlehrer jedes Jahr dutzende von Rekruten auszubilden, darum musste die Zeit, die dem Einzelnen an der Longe gewidmet wurde, wirklich etwas bringen. In der HDV 12, der Reitvorschrift des Heeres von 1937, ist das Thema unter „Gewandtheitsübungen am lebenden Pferd" abgehandelt. Dabei wird ausgeführt, wie das Pferd auszurüsten ist: Gurt mit Handgriffen, Kappzaum, Trense, Ausbindezügel, Leine, lange Peitsche.

Merken Sie etwas? Ja, richtig: Die Rekruten hatten ihre Übungen auf dem ungesattelten Pferd

◄ Die Stellung des Genicks nach Francois Baucher ist etwas für Spezialist(inn)en mit Erfahrung.

abwarten und ihnen nicht zuvorkommen, da es dadurch sehr leicht zu einer Widersetzlichkeit in Form eines Sichentziehens kommen kann."

Warum mir dabei unwohl ist? Abgesehen davon, dass mir das Pferdemaul wirklich heilig ist – ich habe zweimal ein Pferd gehabt, das durch harte Reiterhände verdorben war, und weiß, wie schwer das zu korrigieren ist. Ich möchte mir lieber nicht vorstellen, was man – aus Unwissenheit oder Grobheit – mit der Methode Bauchers alles anrichten kann. Es scheint mir ein klassischer Fall von „in der Hand des Meisters großartig, in der des Laien gefährlich" zu sein – und darum werde ich wohl für den Rest meines Reiterlebens die Finger von Experimenten mit dem Pferdemaul lassen.

An der langen Leine

Es gibt heute Reitschulen, die meinen, sie könnten bei der Ausbildung junger Reiter auf die Longe verzichten. Denen möchte ich energisch widerspre-

Longe für Gewichtsträger

Wir hatten ja schon vorher festgestellt, dass Pferde durchaus auch mit einem schwergewichtigen Reiter gesund alt werden können. Allerdings bedarf es dazu Rückentraining. Nur wenn das Pferd im Gleichgewicht ist und entsprechend Muskeln aufgebaut hat, kann es Gewicht tragen. Das unter dem Sattel zu trainieren, ist durchaus machbar. Aber ein- oder zweimal pro Woche „belastungsfrei" kann nicht schaden und dazu bietet sich die Longe an. Ganz wichtig dabei ist, dass der Gewichtsträger vorwärts-abwärts geht und den Rücken aufwölbt. Probieren Sie einmal, wie Ihr Vierbeiner marschiert, wenn Sie ihn nur am Kappzaum haben – und wenn's nicht optimal ist, sind Ausbinder angesagt. Ganz wichtig ist allerdings, dass man damit das Pferd nicht zusammenbindet. Leichte Anlehnung ist gefragt, wobei man die Ausbinder entweder unterhalb des Sattelblattes links und rechts am Gurt oder an entsprechender Stelle im Longiergurt befestigt. Das Pferd wird leicht gestellt und das bedeutet, dass beim Handwechsel umgeschnallt werden muss. Die Mühe lohnt sich. Wer richtig longiert, kann fast dabei zuschauen, wie bei seinem Pferd die Rückenmuskeln gedeihen und sich ausprägen.

▲ *Longieren dient nicht nur der Ausbildung des jungen Pferdes, sondern auch der des Reiters im Sattel.*

durchzuführen. Und dabei wurde ihnen nichts geschenkt: „Zum Aufsitzen im Gange fasst der Reiter die beiden Handgriffe von oben, bleibt dicht am Pferdeleib, nimmt die Gangart des Pferdes auf, schnellt sich mit beiden Beinen ab und gleitet in den Reitsitz."[34]

Hochzukommen und in allen drei Grundgangarten oben zu bleiben, reichte aber noch nicht. Es wurde geturnt. Folgende Übungen sollten ausgeführt werden:

– Aufsitzen in den Reit- und Quersitz,
– Zusammenschlagen der Beine über den Pferderücken,
– Schere vor- und rückwärts,
– Überspringen des Pferdes von innen und außen,
– Knien und Stehen auf dem Pferd.

Dafür hatte man sehr sportlich zu sein. Das wird zwar auch an der Spanischen Hofreitschule ver-

langt, aber dort dient die Longenarbeit mit den Eleven nicht nur der Geschmeidigkeit, sondern in erster Linie dem unabhängigen Sitz. Deswegen wird in Wien auch gesattelt. Allerdings bleiben die Bügel erst einmal weg. Alois Podhajsky schreibt darüber: „Am besten wird der vom Schulreiter erwartete Sitz durch bügelloses Longieren erreicht, weil der Reiter während dieser Arbeit, von jeder Führung des Pferdes enthoben, sich ausschließlich auf die Beherrschung seines eigenen Körpers in den verschiedenen Gangarten zu üben hat. Auf diese Art erlernt er am raschesten einen korrekten und unabhängigen Sitz, den er unbedingt braucht, um in den Bewegungen der Hohen Schule Zügel und Schenkel ausschließlich als Hilfen für das Pferd und nicht als Hilfsmittel zur Wiedergewinnung seines verlorengegangenen Gleichgewichts zu verwenden."[35]

Man sollte die Longe aber nicht nur als eine Möglichkeit sehen, Anfängern das Sitzen beizubringen. Auch erfahrene Reiter sollten ihre Chancen nutzen, wenn sie jemand finden, der sie für 20 Minuten – viel länger reicht die Konzentration bei Ross und Reiter für gewöhnlich nicht – an die Leine nimmt und etwas dazu sagt. Es ist fast nicht zu vermeiden, dass sich bei der täglichen Arbeit im Sattel kleinere stilistische Schlampereien einschleichen. Mit einer Longenstunde kann man die gut korrigieren.

Damit wären wir aber bei der Longenarbeit fürs Pferd angekommen. Hans Freiherr von Stackelberg wusste dazu: „Fachgerechte Longenarbeit ist im Rahmen einer korrekt durchgeführten Ausbildung, beginnend mit den ersten Schritten des Reitpferdes praktisch bis zur Vervollkommnung erzielter reiterlicher Höchstleistung, durch nichts voll zu ersetzen."[36]

Stackelberg sieht Longieren als Trainingsmöglichkeit für junge Pferde und betont, dass es kaum eine bessere Möglichkeit gebe, junge oder auch Pferde mit Genick- oder Rückenproblemen zu lösen. An der Longe kann man auch einen Rekonvaleszenten wieder antrainieren und einem „zu kernigen" Pferd vor der Arbeit ein wenig den Dampf ablassen. Stackelberg betont außerdem, dass Longieren „richtig ausgeführt besonders geeignet (ist), ein solides Vertrauensverhältnis zwischen beiden Partnern herzustellen". Darum warnt er auch davor, das Longieren „jeder gerade greifbaren Hilfsperson" zu überlassen.

Ebenso wie Reiten muss man Longieren lernen – und dazu bedarf es am Anfang fachkundiger Anleitung. Außerdem sollte man sich darauf konzentrieren – nur so entwickelt man das richtige Gefühl in den Händen und Armen. Zudem – und das macht mir beim Longieren ausgesprochen Spaß – wird an der Leine deutlich, wie sehr Ross und Reiter durch Körpersprache kommunizieren. Ist man erst einmal mit dem vierbeinigen Partner eingeschossen, geht es durch das ganze Programm ohne Worte. Dann reicht es zum Beispiel, den Oberkörper aufzurichten und das Becken ein wenig nach vorne zu schieben, um das Pferd zum Angaloppieren zu veranlassen. Und eine Parade ist dann wirklich nur noch ein Annehmen mit der Hand und ein Ausatmen. Wenn man diese Kommunikation immer mehr verfeinert, sorgt man nicht nur dafür, dass das Longieren spannend bleibt, sondern lernt auch etwas für die Arbeit unter dem Sattel.

Dieser Aspekt war dem Freiherrn von Stackelberg auch sehr wichtig. „Nicht minder wichtig als beim Reiten ist bei der Longenarbeit die Erkenntnis, dass ein Pferd keine schematisch zu behandelnde Sache im juristischen Sinne, sondern ein in erheblichem Maße individuell zu beurteilendes, hochentwickeltes Lebewesen mit äußerst sensibler Psyche darstellt."

Stackelberg, Podhajsky und eine ganze Reihe anderer Autoren sind sich darüber einig, dass zum korrekten Longieren immer ausgebunden werden muss. Podhajsky rät zum Beispiel dazu, beim jungen Pferd den Longiergurt über den Sattel zu schnallen. Das hat den Vorteil, dass man mit den Ausbindern flexibler ist. Stackelberg betont nämlich: „Auch das Ausbinden wird mit Rücksicht auf Exterieur, Ausbildungsstand und Temperament des Pferdes durchaus individuell gehandhabt."

Der Zweck der Ausbinde-Übung ist klar: Dem jungen Pferd wird der Weg in die Tiefe gezeigt – und das bitte so, dass dem Pferd diese Art sich zu bewegen angenehm wird und es sich so daran gewöhnt, dass es diese Position von sich aus einnimmt. Darum ist eben auch das individuelle und flexible Ausbinden so wichtig. Man muss die Position der Ausbinder beim jungen Pferd immer wieder überprüfen und im Zweifelsfall in kleinen Schritten langsam verkürzen und tiefer werden – immer so, dass die psychische und muskuläre Entwicklung des jungen Pferdes Schritt hält.

Ob es an der Longe richtig funktioniert, zeigt einem das Pferd. Wenn es klappt, kann man nämlich zuschauen, wie aus der noch ungeformten Remonte mit der schmalen Brust, dem dünnen Hals und dem knochigen Rücken immer mehr ein Reitpferd wird. Es legt in der Breite aus, weil es Brust- und Halsmuskulatur entwickelt. Und am

▼ Pferde, die schon zur Balance gefunden haben, kann man auch am Knotenhalfter longieren. Beim Natural Horsemanship ist dabei die durchhängende Longe vorgesehen.

Rücken entsteht eine Art „Furche" über der Wirbelsäule, die sich dadurch entwickelt, dass links und rechts vom Rückgrat die Muskeln wachsen.

Ganz wichtig bei der Longenarbeit ist aber auch, dass man es nicht übertreibt. Gutes Longieren erfordert Konzentration von beiden Beteiligten und ist eine durchaus intensive Beschäftigung miteinander. Das hält niemand zu lange durch. Bei Alois Podhajsky kann man es nachlesen: „Schon bei der ersten Arbeit an der Longe ist besonders darauf zu achten, dass das Pferd nicht überanstrengt wird. Es muss sich ganz allmählich in der ungewohnten Arbeit zurechtfinden, um stets bei guter Laune zu bleiben."[37]

Podhajsky empfiehlt dazu, den Kreisbogen, auf dem sich das junge Pferd bewegt, möglichst groß zu halten. Anja Beran longiert auch deswegen junge Pferde meist in der Reithalle, wobei am Anfang einer ihrer Praktikanten oder Eleven den Zirkel zur offenen Seite hin abgrenzt.

Mit meinen „erwachsenen" und ausgebildeten Pferden bin ich, wenn es um Lösen und Bewegen ging, oft sogar noch weiter gegangen: Wann immer ich eine leere Reithalle oder den Platz erwischen konnte, habe ich durch die ganze Bahn longiert – mit Wechseln aus dem Zirkel und indem ich auf der ganzen langen Seite mitgelaufen bin. Der große Vorteil war für mich daran, dass meine Pferde nicht stur immer auf derselben Spur um mich herum im Kreis liefen, sondern immer auf Überraschungen vorbereitet und dadurch aufmerksamer waren. Außerdem entstand aus dem Wechsel zwischen relativ enger Zirkellinie und Geradeaus, dass sie auch ihre Biegsamkeit flexibel trainierten. Doch wie gesagt: Das waren Übungen für fortgeschrittene Pferde, die bereits zur Balance in jeder Stellung gefunden hatten.

Zurück zum Allgemeingültigen und zur Frage der Konzentration. „Die Dauer der Arbeit", schreibt Podhajsky, „wird sich nach der Gesamtverfassung

➤ Bei Anja Beran werden die jungen Pferde nicht ausgebunden, sondern dürfen selbst den Weg in die Tiefe finden.

des Pferdes richten, sie ergibt sich aus seinem Verhalten. Zeigt es Bummelwitz, so wird eine etwas längere Arbeitsreprise eingeschaltet. Doch muss man sich vor dem Fehler hüten, ein durch Flucht hervorgerufenes Verhalten als Übermut zu werten. Es ist zum Beispiel möglich, dass es aus Angst an der Longe zu stürmen anfängt. Grundfalsch wäre es, das Pferd nun so lange traben oder gar galoppieren zu lassen, bis es sich ‚abgegangen' hat ..." Podhajsky ist für kurz und konzentriert: „In der ersten Zeit wird es im Allgemeinen genügen, wenn das Pferd nach drei bis fünf Minuten Trab wieder in den Schritt genommen wird und man nach entsprechendem Ausruhen diese Arbeitsleistung wiederholt. So kann keine Übermüdung eintreten, und die Frische des Ganges bleibt erhalten."

In einschlägigen Reitlehren der alten Meister wird das Thema Longieren fast immer unter dem Aspekt „Ausbildung junger Pferde" abgehandelt. Ich zweifle aber nicht daran, dass die Herren die Longe auch bei älteren Pferden eingesetzt haben. Sie hielten es nur nicht für weiter erwähnenswert, weil die Prinzipien ja gleich sind. An der Longe kann man einen Koliker laufen lassen, bis sich die Verspannung im Bauch löst; ein verspanntes Pferd lösen oder seinem Vierbeiner an einem sattelfreien Tag die nötige Bewegung verschaffen.

An der Stelle fällt mir eine ehemalige Stallkameradin ein, der es gefiel, wie mein Schwarzer an der Longe lief, und die mich bat, ihr und ihrer Friesen-Mix-Stute, die allerdings Western geritten wurde, eine Longierlektion zu geben. Ich trat dazu mit meiner üblichen Ausrüstung an: Trense, Kappzaum, Longiergurt, die sieben Meter lange Softlonge mit Karabiner, als Ausbinder die sogenannten „Wiener" (immer ohne Gummiring. Der wirkt meiner Ansicht nach nicht „weicher", sondern sorgt durch das Nachfedern für Unruhe und unkontrollierbaren Zug im Maul), dazu die lange, weiße Longierpeitsche.

Die Westernreiterin schaute mich und mein Equipment ziemlich irritiert an und erklärte, sie

longiere immer mit einem Strick am Knotenhalfter. Mehr brauche sie nicht – und besonders die Peitsche bereite ihr Unbehagen.

Wie gut man mit einem Strick statt der Longe arbeiten kann, vermag ich nicht zu beurteilen, und ich möchte dazu auch nichts sagen. Aber longieren ohne Peitsche kann ich mir nicht vorstellen. Ich denke, ich muss dabei nicht ausführen, dass die Peitsche beim Longieren niemals „Strafinstrument" ist und garantiert nicht dafür verwendet wird, das Pferd zu schlagen. Das wäre sogar ausgesprochen kontraproduktiv, denn das Pferd darf keine Angst vor der Peitsche haben. Egon von Neindorff, Leiter des Karlsruher Reitinstitutes von Neindorff, beschrieb sie einmal als „optischen Ersatz für den treibenden Schenkel" und damit ist auch schon klar, wo sie hingehört: Ihre Spitze deutet ungefähr auf die Position, in der beim Reiten der Schenkel liegt. Und von da an sorgt sie für das Vorwärts, das dann mit weicher Hand vorne wieder aufgefangen wird. So entsteht die richtige Anlehnung und man verhindert, dass das Pferd an der Longe auseinanderfällt und auf der Vorhand dahinlatscht. Und

▲ Noch ein Vorteil des Longierens: Der Ausbilder sieht das Pferd in Bewegung vor sich und kann beobachten, wie es seinen Körper einsetzt und sich ausbalanciert.

Kopfarbeit

Anja Beran hat das Maul heilig gesprochen, mir wäre danach, einen Teil der dafür zu verwendenden Sorgfalt auf den ganzen Kopf des Pferdes auszudehnen. Und dabei habe ich die wunderschönen Araberstuten des baden-württembergischen Haupt- und Landgestüts Marbach mit ihren feinen Köpfchen vor Augen. Die tragen nach alter Väter Sitte in ihrem Laufstall keine Halfter, sondern Halsriemen. Ein alter Gestüter hat mir einmal erklärt, warum: Seine Kollegen und er seien natürlich nicht wild darauf, vor dem Füttern – dazu werden die Damen jeweils auf ihrem Platz an der Krippe angebunden – eine Runde Pferdefangen und Halfter anziehen zu spielen. Mit einem Halsriemen könne man die Mädels ohne Mühe greifen – und das Ding würde die Damen weniger stören als ein Halfter und es würde auch weniger Haare abschaben.

Es hat aber auch noch einen Vorteil: Am Halsriemen wird automatisch sensibler geführt. Am Halfter kann man ziehen, am Halsriemen bringt das nichts. Also muss man das Pferd „überzeugen". Gerade bei Pferden, die am Halfter wegen schlechter Erfahrungen stur reagieren, ist man mit Halsriemen besser bedient.

Allerdings: Auf der Koppel sollte Pferde weder Halfter noch Halsriemen tragen. Die Verletzungsgefahr ist zu groß, weswegen es uns der Mühe wert sein sollte, unsere Pferde aus- und wieder anzuziehen.

weil die Peitsche flexibel ist, kann sie auch dafür sorgen, dass das Pferd die Hinterhand aktiviert, damit verstärkt Gewicht aufnimmt. Deswegen verwende ich übrigens bevorzugt weiße Fiberglas-Longierpeitschen mit Lederschnur (die man möglichst nach jedem Einsatz „entknoten" sollte). Das Weiß ist für das Pferd gut zu sehen, die Lederschnur ist gut zu beherrschen und das Fiberglas ist leicht genug, dass die Hände nicht schon nach wenigen Minuten ermüden.

Bei den alten Meistern war übrigens klar, dass zum Longieren immer ausgebunden wird. An diesem Punkt wage ich aber, zu widersprechen, und weiß, dass zum Beispiel Reitmeister Martin Plewa, einst Bundestrainer der Vielseitigkeit und Leiter der westfälischen Reitschule in Münster-Handorf, gleicher Meinung ist. Der konzedierte, dass man ein ausgebildetes Pferd hin und wieder auch am Halfter an der Longe bewegen könne. So weit bin ich selten gegangen – meine Knaben waren temperamentvoll genug, auch noch im fortgeschrittenen Alter an der Longe zu buckeln. Daher war mir wohler, wenn ich sie am Kappzaum hatte. Aber sie waren beide reell ausgebildet und in perfekter Balance – und das machte die Ausbinder überflüssig. Sie gingen beide ohne diese Nachhilfe nach vorwärts-abwärts, wölbten den Rücken auf und aktivierten die Hinterhand. Damit erreichten wir an der Longe auch ohne Ausbinder den gewünschten Trainingseffekt.

Fahren

Heute ist es ein luxuriöser Sport, früher war es eine absolute Notwendigkeit: Fahren mit Pferden.

Man kann es sich fast nicht mehr vorstellen, wie das einmal war, als es auf den Straßen noch keine Autos gab und alles – vom Ei, das vom Bauernhof zum Markt kam, bis zu Baumaterialien – auf Kutschen befördert wurde. Und wer verreisen wollte, hatte die Wahl: Entweder marschierte er auf seinen eigenen Füßen los oder er stieg in einen von Pferden gezogenen Wagen. Dabei war für die meisten Leute die Postkutsche die beste Möglichkeit, sich von A nach B zu bewegen. Und diese Postkutschen waren bestens organisiert und fuhren mit der Regelmäßigkeit von modernen Überlandbussen.

So ähnlich muss man es sich auch vorstellen, denn die großen, mit sechs bis acht Pferden bespannten Kutschen konnten bis zu einem Dutzend Menschen auf einmal transportieren. Für einige von ihnen war das extrem unkomfortabel, denn die standen oder saßen hinten auf den Notsitzen, Wind und Wetter preisgegeben.

Aber man darf sich auch den Aufenthalt in der Kutsche nicht zu romantisch-gemütlich vorstellen. Der großmächtige Feldherr Albrecht von Wallenstein, Fürst von Friedland (1583–1634), einer der reichsten Männer seiner Zeit, reiste in seinen späteren Jahren, als er schwer an der „Podagra" (Gicht) erkrankt war, in einer Sänfte, weil er die Unbequemlichkeit seiner Kutschen nicht mehr ertragen konnte. Zu seiner Zeit waren Federungen noch nicht erfunden und in Sachen „Straßenbau" hatte man seit den Römern nicht dazugelernt, sondern im Gegenteil Wissen verloren.

Auch 150 Jahre nach Wallenstein war das Reisen in einer Kutsche noch nicht viel angenehmer geworden. Sophie Marie Gräfin von Voss (1729–1814), Oberhofmeisterin der preußischen Königin Luise, beschrieb in ihren Lebenserinnerungen[38] die Flucht ihrer Königin vor den Franzosen im tiefen Winter. Die Damen klapperten in der ungeheizten Kutsche mit den Zähnen, wurden auf Kopfsteinpflaster ordentlich durchgeschüttelt und mussten an steilen Aufstiegen regelmäßig aussteigen und zu Fuß hinterhergehen, weil die Pferde sonst auf

◄ *Mit solchen Schildern waren die Stationen markiert, an denen die Postkutschen zum Pferdewechsel anhielten.*

▲ *Das Wappen auf dem Wagenschlag wies die herrschaftliche Kutsche aus.*

den vereisten Wegen die Hügel nicht hinaufgekommen wären. Und immer wieder saßen sie stundenlang am Straßenrand, weil ein Rad gebrochen war und der Kutscher erst einen Wagner auftreiben musste, um die Kutsche zu reparieren.

Selbst heute ist Kutsche fahren für gekrönte Häupter nur bedingt ein Vergnügen. Im Buckingham Palace gehört das Befüllen von Wärmflaschen zu den Vorbereitungen, wenn sich die Königin in der goldenen Prachtkutsche aufmacht, ins Parlament zu fahren, um das zu eröffnen. Besagte Staatskutsche muss sich nämlich für die Passagiere anfühlen wie ein Kühlschrank auf hoher See.

Wenn man aber einmal bedenkt, wie viele verschiedene Kutschen im Lauf der Jahrhunderte gebaut und gefahren wurden und wie viel Wissen sich da angesammelt hatte und inzwischen weitgehend verloren ist! Man kann froh sein, dass sich ein Teil wenigstens in Bücher erhalten hat, denn Fahren bedeutet sehr viel mehr, als auf den Bock zu steigen, die Leinen aufzunehmen, mit der Peitsche zu knallen und wie ein Cowboy im Italo Western „heia!" zu brüllen. Es ist ein Handwerk, das einiges an Erfahrung und Können erfordert und in

manchen Fällen – wenn zum Beispiel bei der alljährlichen Hengst-Parade in einem deutschen Landgestüt vier Hengste vor eine Quadriga oder gar 12 vor eine Prachtkutsche gespannt werden – sogar eine Kunst.

Benno von Achenbach und sein Fahrsystem

Wer sich in der Hippologie ein wenig auskennt, wundert sich wahrscheinlich nicht darüber, dass es die Engländer waren, bei denen sich schon im 17. Jahrhundert so etwas wie „Fahrsport" entwickelte. Im 18. und 19. Jahrhundert wurde er in England zu einem Hobby wohlhabender Herren, bei denen es dann sogar zu einer gewissen Standardisierung kam. Doch das Verdienst, die bis heute im Fahrsport gültige Systematisierung in Ausrüstung und Fahrtechnik „erfunden" und durchgesetzt zu haben, fällt einem Deutschen zu: Benno von Achenbach (1861–1936). Der Sohn aus reichem Düsseldorfer Hause war schon als Junge vom Fahren fasziniert und nutzte jede Gelegenheit, auf den Bock zu kommen. Dementsprechend trat er nach dem Abitur in das damals in Düsseldorf stationierte preußische Husarenregiment 15 ein, wo er seine Erfahrungen als „Gentlemanfahrer" auch auf Turnieren vertiefte. Außerdem fuhr er immer wieder nach Paris, wo damals der englische Fahrlehrer Howlett lebte und unterrichtete. Anfang der 80er Jahre des 19. Jahrhunderts wurde dann ein Freund von Achenbach Leiter des kaiserlichen Marstalls in Berlin und schlug Wilhelm II. vor, Achenbach mit der Reorganisation des Fahrunterrichts im Heer zu beauftragen und ihm die komplette Neuausstattung mit Wagen, Geschirren und Uniformen für Fahrer zu überlassen. Darauf basierend entwickelte Achenbach sein Fahrsystem, das er 1925 unter dem Titel „Anspannen und Fahren" veröffentlichte.

Dieses System kam einer Revolution gleich. Bis dahin hatte jeder Fahrer und dementsprechend auch Fahrlehrer sein eigenes Süppchen gekocht, doch das Achenbach-System setzte sich mehr und mehr durch, weil es in sich logisch, praktisch, pferdefreundlich und vor allem sicher ist. Das war wichtig, weil damals ja viele Kutschen auf der Straße waren. Es fußt auf sieben Grundsätzen:

– Zum korrekten Fahren gehören die richtigen Achenbach-Leinen, Peitsche und die feste Bracke (die Bracke ist das Teil, an dem die Zugleinen der Pferde am Wagen befestigt werden).
Auf korrektem Ein- und Zweispännig-Fahren sind Vier- und Mehrspännig-Fahren aufgebaut. Der „Trick" beim Achenbach-System ist nämlich, dass alle Leinen der Pferde – ob es nun beim Einspänner zwei oder beim Vierspänner acht sind – in einer zusammengeführt werden. Die wird dann vom Fahrer in der linken Hand gehalten und zum Beispiel für eine Wendung dadurch verkürzt, dass er mit der rechten Hand Schlaufen

legt. Um diese Schleifen wieder zu lösen, muss der Fahrer nun nur noch die linke Hand bewegen.
– Die rechte Hand wird immer nur kurz eingesetzt, um zum Beispiel eine Wendung einzuleiten, Fahrtrichtungszeichen zu geben – Kutschen hatten ja keine Blinker, daher zeigte der Fahrer im Straßenverkehr mit Hand- und Peitschenzeichen an, wenn er abbiegen wollte.
– Wendungen werden durch Verkürzen des Tempos und ein Nachgeben des äußeren Zügels eingeleitet.
– Aufrecht stehende Hände (wie beim Reiten) erlauben, Wendungen durch ein einfaches Drehen der Handgelenke zu fahren.
– Der Fahrer sitzt rechts auf dem Bock, daraus ergibt sich, dass Linkswendungen grundsätzlich anders zu fahren sind als Rechtswendungen.
– Das Durchgleitenlassen von Leinen ist im Straßenverkehr gefährlich und darum verboten.

◄ *Moderner Vierspänner mit edler Kummetanspannung in der Dressurprüfung*

Ein Problem beim Fahren nach Achenbach ist allerdings, dass man dafür, vor allem, wenn man mehrspännig unterwegs ist, kräftige Hände und Unterarme braucht. Stellen Sie es sich zum Beispiel bei einem Viererzug mit Warmblütern vor: Die beiden vorderen Pferde sind ungefähr fünf Meter vom Kutschbock entfernt. So lang müssen auch die Leinen sein, die ja aus einem stabilen Material bestehen. Das Gewicht mal vier, dazu die vier kürzeren Leinen der hinteren Pferde, alles auf die eine Achenbach-Leine geschnallt und mit einer Hand geführt – zierliche Mädchen mit zarten Händen und Armen werden da ein Problem bekommen.

Doch wer die Kraft hat, mit den schweren Leinen umgehen zu können, kann mit dem Achenbach-System sehr fein und elegant fahren. Und Laien staunen immer erst einmal, wie wendig eine Kutsche ist. Wenn ein Viererzug in seiner ganzen Länge vor einem steht, denkt man zuerst einmal, dass

▼ *Auf dem österreichischen Gut Marienhof werden auch die Stuten regelmäßig im Gelände gefahren.*

der zum Wenden wohl einen halben Fußballplatz braucht. Aber von wegen! Ein guter Fahrer ist in seinem Wendekreis nur von der Länge seines Wagens und dessen Beweglichkeit abhängig. Und wenn er zum Beispiel in einem modernen Marathon-Wagen unterwegs ist, dessen Vorderräder an einem Drehgestell mit Kugellagerdrehkranz befestigt sind, könnte man den Eindruck bekommen, dass der Wagen auf der Stelle wendet und nur so viel Platz braucht, dass der Fahrer seine Pferde um die Kutsche herumwickeln kann. Dazu haben die modernen Kutschen hervorragende Federungen, Scheibenbremsen und Vollgummibereifung, dementsprechend lassen die Turnierfahrer es damit krachen.

Allerdings lässt der Fahrsport den Reitsport in Sachen Finanzen wie ein Hobby für arme Leute aussehen. Wer zum Beispiel mit einem Viererzug Turniere fahren will, kommt mit nur vier Pferden nicht klar. Er braucht mindestens zwei Ersatzpferde und mindestens zwei Kutschen – die eine für Dres-

◄ *Mitte: Schwere Wägen, wie hier die Bierkutsche mit Kaltblütern, werden grundsätzlich mit Kummet gefahren. Rechts: Das Brustblattgeschirr kam ursprünglich aus Ungarn.*

sur- und Hindernisfahren, die andere fürs Gelände. Und weil Fahrturniere drei Tage dauern und selten um die Ecke vom Heimatstall stattfinden, braucht man dann noch Lkws, um sechs Pferde, zwei Kutschen und die Ausrüstung zu transportieren. Ich vermute, dass man sich von dem Geld, das der Fahrsport in 10 Jahren kostet, auch eine nette Villa samt Porsche in der Einfahrt anschaffen könnte.

Aber zurück zu Herrn Achenbach und seinem System. Es hatte nicht nur den Vorteil, dass man damit vom Traber vor dem Sulky bis zum Pony-Achtspänner alles fahren kann, sondern dass man auch in der Anspannung flexibel ist. Es gibt nämlich zwei verschiedene Systeme, ein Pferd anzuspannen: mit Kummet oder Brustblattgeschirr. In Deutschland war früher vorwiegend Kummet-Anspannung üblich, also fangen wir damit an.

Ein Kummet ist ein meist aus Holz hergestelltes, mit Leder bezogenes Gestell, das über den Kopf des Pferdes gezogen und um seinen Hals gelegt wird.

Es liegt auf den Schultern und oben am Brustmuskel auf und darauf lastet dann auch das Zuggewicht. Der große Vorteil des Kummets ist, dass die Pferde damit auch schwere Lasten ziehen können. So werden zum Beispiel schwere Kaltblüter, die Bierwägen bewegen, fast ausschließlich mit Kummet angeschirrt. Auch im Einsatz beim Holzrücken oder auf dem Feld tragen die Pferde üblicherweise das Kummet.

Es gibt aber auch eine Edelversion des Kummets, zierlicher, mit feinerem Leder bezogen und oft genug mit Edelmetall beschlagen und damit auch dafür tauglich, an eleganteren Pferden und Kutschen zu dienen. Solche Nobelkummet-Geschirre kann man zum Beispiel im baden-württembergischen Haupt- und Landgestüt Marbach bewundern. Das Haupt- und Landgestüt hat nämlich einen Teil der Ausstattung des königlich württembergischen Marstalls geerbt.

Kummets haben allerdings einen Nachteil: Sie müssen absolut passen, damit sie beim Pferd keine

Druckstellen verursachen und man kann sie nicht verstellen. Wenn innerhalb eines Gespanns ein Pferd ausgetauscht werden muss, kann man davon ausgehen, dass das Kummet umgepolstert werden muss.

Die Alternative für edle Pferde ist die Brustblattanspannung, die ursprünglich aus Ungarn stammte und dort zur heutigen Form entwickelt wurde. Beim Brustblattgeschirr wird – wie der Name schon andeutet – ein breiter, gepolsterter Lederriemen um die Brust des Pferdes gelegt. An ihm werden die Zugleinen befestigt, woraus sich ergibt, dass das Gewicht des Wagens auf dem Brustmuskel liegt. Damit kann man nicht so viel Last aufnehmen wie mit dem Kummet, aber man sagte zumindest früher, dass ein Gespann mit einem Brustblattgeschirr beweglicher und eleganter sei als eines mit einem Kummet.

Brustblattgeschirre wurden früher vorwiegend in Ungarn und in Österreich gefahren. Gegen Ende des 19. Jahrhunderts war ein Gespann mit leichten, temperamentvollen, ungarischen Juckern in Brustblattanspannung bei jungen, österreichischen Aristokraten ungefähr das, was heute der Ferrari oder Porsche darstellt.

In England und Deutschland hatten die Gentleman-Fahrer auch edle Pferde vor der Kutsche, aber die liefen meist mit Kummet. Dafür bewiesen vor allem die englischen Kutschenbauer Kreativität. Selbst Spezialisten wird es kaum gelingen, alle Formen von Kutschen aufzuzählen und zu erkennen, die so um 1880 herum in England gefahren wurden.

Für uns reicht es, erst einmal die beiden Großklassen zu kennen: Selbstfahrer und vom Kutscher zu fahrende Wägen. Die beiden sind relativ einfach zu unterscheiden: Die Selbstfahrer haben fast immer sehr edel ausgestattete Fahrersitze. Ein typischer Selbstfahrer ist der **Phaëton**. Dabei handelt es sich um eine relativ leichte, kleine Kutsche mit zwei Achsen. Vorne ist eine meist sehr gut gepols-

terte Sitzbank angebracht, auf der der Fahrer und ein Fahrgast sitzen können, hinten gibt es entweder einen Einzelsitz oder eine Sitzbank ohne Lehne für den oder die Grooms. Der Phaëton (benannt nach dem Sohn des Sonnengottes Helios, der den Sonnenwagen zu nahe an die Sonne heranlenkte und dabei verunglückte) wurde ein- und zweispännig gefahren und war sowohl in der Stadt wie auch auf dem Land im Einsatz.

Der rasanteste Selbstfahrer ist vermutlich der **Sulky**, wie er auch bei Trabrennen eingesetzt wird. Er ist einachsig und extra leicht – moderne Rennsulkys wiegen nicht mehr als 30 Kilogramm. Über den beiden Rädern – bei alten Modellen ziemlich groß – ist der Fahrersitz angebracht, außerdem gibt es eine Gabeldeichsel, in der ein Pferd eingespannt wird.

Ursprünglich ähnlich wie der Sulky – nämlich einachsig – war der **Buggy**, der heute allerdings meist mit zwei Achsen gebaut wird und dadurch

dem Phaëton ähnelt. Und wiederum eine Abwandlung vom Buggy ist der **Gig**, der allerdings meist ein Klappverdeck hat und damit auch für schlechtes Wetter geeignet war.

Eines der bekanntesten Kutschmodelle unter den von einem Kutscher zu fahrenden Wägen ist der **Landauer**. Er hat einen Kutschbock mit einem (erhöhten) Platz für den Fahrer, daneben einen für den Bediensteten und hinten zwei Sitzbänke, auf denen sich die Fahrgäste vis a vis gegenübersitzen. Seine Beliebtheit verdankte der Landauer wahrscheinlich der Tatsache, dass er sehr vielseitig ist. Dazu ist der Landauer sehr gut gefedert. Er kann zwei- und vierspännig gefahren werden und er hat ein Klappverdeck, mit dem das Passagierabteil komplett geschlossen werden kann, sodass man den Landauer auch bei schlechtem Wetter und im Winter einsetzen konnte. Kommt diese Wagenform mit einem festen Dach daher, wird diese Kutsche übrigens „**Berline**" genannt.

Das, was die meisten von uns als „Postkutsche" bezeichnen würden – ein zweiachsiger, geschlossener Wagen, in dem sich die Passagiere gegenübersitzen – ist entweder eine **Carosse** oder ein **Coupe**. Dabei ist die Carosse die ältere Form und etwas für Leute mit einem stabilen Magen. Carossen wurden nämlich vorwiegend im Barock gebaut, als man noch keine Stahlfedern kannte. Um die holprigen Straßen dennoch für die zu befördernden Herrschaften erträglich zu machen, wurde bei der Carosse die Kabine für die Fahrgäste an stabilen Lederriemen zwischen den beiden Achsen aufgehängt. Dadurch ergab sich eine Federung, aber man kann sich vorstellen, dass das Ganze eine wackelige Veranstaltung war.

Dafür aber wurden im Barock prachtvolle Grande Carosses gebaut – mit vergoldetem Stuck und Gemälden, edlen Schnitzereien und Innenausstattungen mit Brokat, Samt und Seide. Manche dieser Prachtstücke sind erhalten und der englische Hof hat zur alljährlichen Parlamentseröffnung und zu Hochzeiten sogar noch eine im Einsatz.

➤ *Die Sicht vom erhöhten Kutschbock auf einen Zweispänner mit Kummetanspannung*

Das **Coupe** war ursprünglich ein geschlossener Zweisitzer, doch wurden später auch sogenannte „Dreiviertel-Coupes" gebaut, in denen vier Personen Platz fanden. Solche Coupes sind in Wien heute noch als Fiaker im Einsatz.

Bleibt uns noch die **Victoria**, nach der gleichnamigen englischen Königin genannt, die in einem solchen Wagen – zweiachsig mit zwei gegenüberliegenden Sitzbänken und Klapperdeck – ihren Einzug in London vornahm. Der Unterschied zwischen einem Landauer und einer Victoria besteht darin, dass man bei der Victoria den auf einem Eisengestänge angebrachten Kutschersitz abnehmen konnte.

Dadurch wurde die Victoria aber nicht zum Selbstfahrer. Dazu waren die Passagiersitze zu niedrig. Stattdessen wurde die Victoria – in dem Fall oft mit vier Pferden bespannt – vom Sattel aus gefahren. Wie das geht, kann man zum Beispiel bei der alljährlichen Geburtstagsparade der englischen Königin sehen. Da ist immer mindestens ein Viererzug dabei, dessen Fahrer nicht auf dem Bock sitzt, sondern auf einem der vorderen Pferde.

Fahren? Ja, bitte!

Ich habe erwähnt, dass Fahren als Sport ein sehr teures Hobby ist. Das heißt aber nicht, dass man generell das Einkommen des Herzogs von Edinburgh braucht, um auf den Bock kommen zu können. Ein gebrauchter, kleiner Wagen kostet nicht viel mehr als ein guter Sattel und Fahren kann zum Beispiel für ältere Reiter mit Rücken- oder Hüftproblemen durchaus eine Alternative sein. Sie hat zudem den Vorteil, dass die Familie daran teilnehmen kann. Und wer nicht gleich zwei Großpferde durchfüttern will: Ponys sehen vor der Kutsche auch sehr nett aus und können erstaunlich schwere Lasten bewegen.

Bleibt die Frage: Wo und wie lernt man Fahren? Die einfachste Lösung – und sehr oft auch die

preiswerteste – sind die Landgestüte. Die würden es kaum schaffen, alle ihre Hengste regelmäßig unter dem Sattel zu bewegen, zudem haben sie sich der vielseitigen Ausbildung verschrieben und sehen es auch als ihre Aufgabe, Traditionen und Wissen zu erhalten. Darum wird in allen deutschen Landgestüten gefahren und das oft genug in allen nur denkbaren Anspannungen und Kombinationen. Es gibt heute sicher nicht mehr viele Kutscher, die mehr als vier Pferde fahren können – aber für die Fahrmeister der Landgestüte ist das bei der alljährlichen Hengstparade fast Routine. Fast alle haben den Ehrgeiz, wenigstens einen Achterzug zu zeigen. Die Herren – und ja, bis jetzt sind die Fahrmeister Herren, aber die Mädchen rücken bereits nach – können aber nicht nur fahren, sondern auch ausbilden. Wenn Sie interessiert sind, schauen Sie doch einmal auf die Website Ihres Landgestütes oder rufen Sie an. Und übrigens: Wenn Sie sich bei einem Fahrkurs den Kutschvirus einhandeln, kann Ihnen der Fahrmeister meist auch bei der Anschaffung von Fahrpferden und Kutsche helfen.

Warum? Was Sie schon immer einmal fragen wollten ...

Geht's Ihnen auch so? Wenn Sie eine Kutsche sehen, fallen Ihnen eine ganze Menge Sachen auf, nach denen Sie gerne einmal fragen würden? Ich hab's für Sie getan.

Warum tragen Fahrpferde Scheuklappen?

Wie der Name schon andeutet, sollten die Klappen über den Augen das Scheuen vermeiden. Pferde haben bekanntlich ein größeres Gesichtsfeld als wir. Sie können fast im 360°-Winkel um sich herum sehen. Allerdings können sie nur schlecht Distanzen abschätzen und die Annäherung eines Objekts, das bei Annäherung nicht die Form verändert, können sie nur sehr schwer wahrnehmen. Also sehen sie nicht, wenn ein Auto ihnen näherkommt. Ohne Scheuklappen würde der moderne Verkehr sie wahrscheinlich überfordern. Sind sie aber an Scheuklappen gewöhnt – und die schränken ja nur die Sicht nach hinten und zur Seite ein wenig ein –, geben sie sich meist vertrauensvoll in die Hand ihres Fahrers.

Was machen die beiden Ölgötzen, die hinten auf dem Wagen stehen?

Solange die Räder rollen, machen sie – zumindest während einer normalen Fahrt – gar nichts. Sobald die Kutsche aber steht, springen sie ab, flitzen nach vorne und halten die Pferde fest. Das ist eine Sicherheitsmaßnahme, ebenso wie ihr Job im Gelände, bei dem sie durch Gewichtsverlagerung dafür sorgen, dass der leichte Geländewagen nicht umkippt.

Wie bremst man eine Kutsche?

Früher gab es Hemmschuhe, die dafür sorgten, dass die Kutsche auf längeren Abfahrten nicht zu schnell wurde. Außerdem gab es eine Bergbremse, mit der man den Wagen in abschüssigem Gelände abstellen konnte. Und schließlich waren da noch Backenbremsen, die generell das Tempo drosselten. Bedient wurden die Bremsen meist mit Hebeln oder Kurbeln, was oft der Job des Beifahrers war.

Heute haben moderne Kutschen Scheiben- und eine Feststellbremse. Die Scheibenbremsen werden mit einem Pedal bedient, die Feststellbremse wird gekurbelt.

Warum gehört zur traditionellen Kleidung eines Fahrers die Decke über den Knien?

Abgesehen davon, dass es im Winter hoch oben auf dem Kutschbock unangenehm kalt werden kann, ist die Bockdecke vorwiegend aus Sicherheitsgründen da. Sie verhindert, dass dem Fahrer das freie Ende der Leine zwischen die Beine gerät und sich da verheddert.

◄ *Scheuklappen verhindern, dass die Pferde sich vor von hinten kommenden Objekten erschrecken.*

Spezialeinsatz

Ich sehe ihn noch vor mir, meinen Lehrherrn, als er nach der Mittagspause mit seinem Hengst an der Hand auf dem alten Fahrrad den Hang hinauf zum Kartoffelacker strampelte, den er am Morgen abzuernten begonnen hatte. Der beste Kartoffelboden auf dem Gestüt war in einer recht steilen Hanglage, in der sich der Traktor schwertat. Mein Boss hatte damit kein Problem. Sein schöner Fuchshengst war eingefahren, die beiden waren ein wunderbares Team, das sich gegenseitig vertraute und gerne mal kleine Ausflüge unternahm. Für den Hengst sei es Abwechslung im langweiligen Herbst und außerdem trainiere es die Hinterhand.

Die beiden konnten bei diesen Einsätzen immer damit rechnen, Publikum zu bekommen. Ein Pferd auf dem Feld – und dann noch ein so schickes – war in den 80er Jahren des vorigen Jahrhunderts

doch ein sehr ungewohnter Anblick. Kaum vorstellbar, dass man 100 Jahre zuvor mit dem Bild keinen Hund hinter dem Ofen hätte hervorlocken können! Damals blieben die Leute eher stehen, wenn sie eine Maschine auf dem Acker sahen.

Pferden waren über Jahrhunderte Arbeitskameraden des Menschen und sie zeichneten sich dabei durch außerordentliche Vielseitigkeit aus. Ein Freund, 1944 im englischen Nordosten in einer kleinen Stadt, in der man vorwiegend vom Kohleabbau und vom Hafen lebte, geboren und aufgewachsen, erinnert sich an seine frühen Jahre und dass da nicht nur in den Minen jede Menge Pferde arbeiteten, sondern auch im Hafen. Sie beförderten Kohle von den Minen zu den Schiffen; sie zogen Wägen mit Fischen vom Hafen zur Fabrik; sie wurden beim Ausbaggern eines neuen Hafenbeckens eingesetzt und sie wurden vorgespannt, wenn sich wieder einmal ein Boot oder Schiff bei Ebbe im Schlick festgefahren hatte. Natürlich gab es Ende der 40er Jahre des vorigen Jahrhunderts schon LKWs und Traktoren, die diese Jobs hätten machen können, aber im Nachkriegs-England war Kraftstoff noch ziemlich lange rationiert. Hafer und Heu waren dagegen ohne große Schwierigkeiten zu bekommen.

In dieser Zeit wurde auch noch getreidelt und das nicht nur in England, sondern auch in den Niederlanden und Deutschland. Es gab dort überall Kanäle, die die großen Flüsse miteinander verbanden und der Transport von Gütern mit Schiffen war der effizienteste Weg der Beförderung. Durch das Treideln wurde es auch ein schneller Weg.

Die Beschreibung einer Reise mit dem Treidelboot lieferte Cecil S. Forester, der in einem seiner

„Flott machen eines Fischerbootes in Holland", 1888, Gregor von Bochmann (1850–1930)

Romane seinen Helden Horatio Hornblower samt Weib und Kind von Gloucester nach London reisen lässt. Die Geschichte spielt 1805 und Forester schreibt: „Die galoppierenden Pferde, die alle halbe Stunde gewechselt wurden, schafften ein Tempo von neun Meilen in der Stunde." Neun Meilen sind um die 15 Kilometer und das mit einem schweren Schiff im Zug – das ist wahrlich kein schlechtes Tempo. Aber weiter im Text: „Zwei Treidelleinen waren an Holzköpfen an Bug und Heck befestigt, ein Bootsmann ritt als Postillion das hintere Pferd, wobei er das vordere mit Geschrei und Peitschenknallen antrieb. Im Bug saß der andere Bootsmann … (er) hielt … die Pinne und steuerte das Schiff mit einem Geschick, das Hornblower bewunderte, um die Kurven."[39]

Auf der Strecke gab es so allerlei heikle Stellen: „Ein plötzliches Klingen der Hufe des Pferdes warnte Hornblower gerade noch rechtzeitig. Ohne ihr Tempo zurückzunehmen, rasten die Pferde unter einer niedrigen Brücke hindurch, obwohl der Treidelpfad, eingeengt zwischen Wasser und Brückenbogen ihnen kaum Raum zum Durchschlüpfen ließ. Der reitende Bootsmann begrub sein Gesicht in der Mähne seines Pferdes, um durch zu kommen. Hornblower fand gerade noch die Zeit, von seiner Seekiste zu springen und sich zu setzen, als sie unter der Brücke hindurch eilten."[39]

Foresters Seeoffizier hatte aber nicht nur beim Treideln mit Pferden zu tun. Forester beschreibt, wie er bei Landeinsätzen immer wieder reiten musste, und dass er schließlich, zum Lord Hornblower aufgestiegen, auf seinem Landgut eigene Pferde hielt. Man kam damals einfach nicht darum herum.

Vor der Erfindung der Dampfmaschine waren auf den großen Gütern im Osten teilweise 30 und mehr Gespanne im Einsatz. Und für die gab es jede Menge zu tun. Die Arbeit auf dem Feld begann im Frühling, wenn gepflügt wurde. Mit den schweren Kaltblütern – schon im 19. Jahrhundert wurden Arbeitspferde aus Belgien, Frankreich und dem Rheinland, wo man damals auf die Zucht schwerer Arbeitspferde spezialisiert war, importiert – konnte man große, tiefgehende Pflüge ziehen, was sich natürlich positiv auf den Ertrag auswirkte.

Wenn das Pflügen erledigt war, fuhr man mit der Scheibenegge über das Feld. Dann wurde eingesät, und kaum war diese Aufgabe erledigt, stand schon die erste Heuernte an. Das Heu wurde geschnitten, durfte trocknen, dann wurde es verladen und die Pferde zogen die hochbepackten, schweren Heuwagen zum Gut, wo das wertvolle Futter eingelagert wurde. Und schon ging es auf den Feldern weiter: Das Wintergetreide musste geerntet werden, danach wurden die Äcker umgelegt, erneut gepflügt und geeggt – und so ging es von März bis September an sechs Tagen in der Woche. Blieben einmal ein paar Tage ohne Feldarbeit, standen andere Jobs an: Torf wurde gestochen – und natürlich brauchte man Pferde, um ihn abzutransportieren. Wenn feuchte Wiesen oder Moore trocken gelegt wurden – eine Aufgabe, die auf den großen Gütern immer wieder anstand –, brauchte man Pferde, um die schweren Tonröhren zu transportieren. Wurde auf dem Gut gebaut, waren die Gespanne ebenfalls im Einsatz. Und im Winter gab es auch keine Ruhe: Es wurde Eis geschnitten, abtransportiert und der Eiskeller gefüllt. Es musste im Wald gearbeitet werden – Bäume wurden gefällt und mussten von Pferden aus dem Forst gezogen werden. Ein Teil des Holzes wurde – selbstverständlich mit Pferden – an die Köhler geliefert, die es in Holzkohle verwandelten.

Rückepferde im Waldeinsatz

Kennen Sie Schwarzwälder Füchse? Sie gehören sicher zu den hübschesten Kaltblütern mit ihren prachtvollen, blonden Mähnen und Schweifen, meist in hübschem Kontrast zum dunkelroten Fell. Sie werden oft mit Haflingern verwechselt und mit

➤ *Schwarzwälder Füchse*
sind die Spezialisten für
Rückearbeiten im Wald.

denen haben sie ja nicht nur die Herkunft aus einer Gegend mit vielen Bergen, sondern auch die Geländegängigkeit gemeinsam. Dennoch sind sie eine ganz eigenständige Rasse, nicht mit den Blondschöpfen aus Tirol verwandt und definitiv größer und schwerer. Wie der Name schon verrät, waren sie ursprünglich im Schwarzwald zuhause und da haben sie auch ihre Spezialität entwickelt: Schwarzwälder sind hervorragende Rückepferde.

Der Schwarzwald lebte früher von seinem Holz. Die Berge waren von endlosen Wäldern überzogen und in den Tälern gab es Flüsse, auf denen man das Holz dahin flößen konnte, wo es in Massen gebraucht wurde. Tatsächlich kamen Baumstämme aus dem Schwarzwald bis zu den Werften in der Ost- und Nordsee und die Industrie im Ruhrgebiet war auf Holz aus dem Schwarzwald angewiesen.

Doch zwischen Wald und Fluss musste das Holz auch noch befördert werden – und dafür waren im Schwarzwald die Füchse zuständig. Sie unterscheiden sich von anderen Kaltblütern nicht nur dadurch, dass sie leichtfutterig sind – auf den kargen Wiesen der Berghöfe im Schwarzwald eine wichtige Eigenschaft –, sondern auch dadurch, dass sie Tempera-

ment haben und sehr auf den Menschen bezogen sind. Letzteres ist Voraussetzung für die teilweise recht gefährliche Arbeit im Wald.

Die Pferde mussten nicht nur im Wald brav stehen und auf ihren Einsatz warten, sondern dann auch auf Zuruf schwere Baumstämme manövrieren. Und das war oft genug Millimeterarbeit! Früher wurden nämlich keine Schneisen in den Wald geschlagen – schon gar nicht im Schwarzwald, wo die Wälder meterhohen Schnee und Winterstürme aushalten müssen und darum sehr viele auch Schutzwälder für die Gehöfte und Dörfer in den Täler sind. Stattdessen erntete man ausgewählte Bäume, die dann so aus dem Forst gezogen werden mussten, dass sie unterwegs möglichst keine noch stehenden Bäume berührten und dadurch beschädigten.

Dazu wurde ein gefällter Stamm mit Ketten am Kummet des Rückepferdes befestigt. Der Pferdelenker blieb dann hinten beim Baumstamm, denn da sah er am besten, wie sich der bewegte. Und teilweise erinnerte die Rückearbeit, die Mensch und Pferd da verrichteten, an ein überdimensionales Mikado-Spiel. Alles geht auf Zuruf: Ein halber Meter vorwärts, ein Schritt nach links – ein konzentrierter Slalom um die Bäume, bei dem Mensch und Pferd perfekt und sehr konzentriert zusammenarbeiten müssen.

Natürlich kostete diese Art, Bäume aus dem Forst zu holen, Zeit und darum wurden dann auch Maschinen für die Waldarbeit entwickelt. Ein moderner Vollernter kann nicht nur Bäume schlagen, sondern entastet sie auch, zieht sie aus dem Forst und legt sie, fertig zum Abtransport, neben dem Fahrweg ab. Allerdings gibt es mit den Vollerntern ein Problem: Sie gehen lange nicht so schonend mit dem Wald um wie die Rückepferde. Wo die großen Profilreifen eines Vollernters darübergefahren sind, wächst so schnell kein Baum mehr und er schafft es auch nicht, einen Stamm aus dem Forst zu ziehen, ohne die darum herum zu beschädigen. Mit Vollerntern muss man Schneisen schlagen und sie funktionieren am besten in Monokulturen mit relativ gleichaltrigen Bäumen.

Inzwischen sieht man Wald aber nicht mehr nur unter wirtschaftlichen Gesichtspunkten und man weiß, dass Monokulturen mit schnell wachsenden Bäumen nicht nur hässlich sind, sondern auch extrem anfällig für Schädlinge und Sturmschäden. Die Pferde sollte das freuen, denn mit dem Trend zur ökologischen Waldwirtschaft ist das Rückepferd zurückgekommen. Es gibt inzwischen Förderprogramme für den Einsatz von Pferden im Wald und bei den Hengstleistungsprüfungen für Kaltblüter achtet man nun wieder verstärkt auf die Zugleistung.

Der Trend wirkt sich aber auch in der Kaltblutzucht aus. In den 60er und 70er Jahren des vorigen Jahrhunderts musste man die Schwarzwälder Füchse als aussterbende Haustierrasse sehen. Das Haupt- und Landgestüt Marbach hatte noch ein paar Schwarzwälder Hengste, im Schwarzwald hielten ein paar traditionell eingestellte Bauern an ihren Stuten fest, aber die Population war so klein und die Linienführung so eng, dass man schließlich fremde Hengste einkreuzen musste. Doch Ende der 80er Jahre des 20. Jhdts begannen die Bedeckungszahlen langsam wieder anzuziehen. Den Schwarzwäldern kam entgegen, dass sie – für Kaltblüter – recht leicht und ausgesprochen gut beweglich sind. Sie wurden als Freizeitpferde entdeckt und bewährten sich unter dem Sattel auch als Gewichtsträger.

Gleichzeitig wurden sie auch wieder verstärkt im Wald eingesetzt. Inzwischen kann man im Schwarzwald Kurse im Holzrücken belegen und die Schwarzwälder Füchse sind Exportartikel. Ich kenne zum Beispiel einen Forstbetrieb in Westfalen, in dem drei Schwarzwälder Füchse arbeiten. In Baden-Württemberg wurde der Einsatz von Schwarzwäldern als Rückepferde eine Zeitlang sogar subventioniert und es wird darüber diskutiert, ob man das nicht wieder einführen sollte.

◄ Im bayerischen Haupt- und Landgestüt übt ein Kaltbluthengst Holzrücken.

Schließlich und endlich: Reiten

Als kleine Vorrede: Es ist nicht meine Absicht, hier eine Reitlehre unter Berücksichtigung aller Lehren der alten Meister abzuliefern. Abgesehen davon, dass wir dafür ein paar tausend Seiten brauchen würden, kann ich jedem, der ins Detail gehen möchte, nur empfehlen, die Originale zu lesen. Es gibt sehr gute, moderne Übersetzungen von Xenophon, barocken Franzosen und den Engländern, auch Caprilli ist in Deutsch zu haben, und die späteren Lehrmeister – Müseler, Seumig, von Stackelberg und Podhajsky, um nur ein paar zu nennen – entstammten ja größtenteils der deutsch-österreichischen Reit- und Kavallerietradition.

Aber wie wäre es mit einem geschichtlichen Überblick über die Reiterei durch die Jahrtausende? Wir wissen ja schon aus dem Vorausgegangenen, dass wir auf ungefähr 5000 Jahre Historie zurückschauen. Die Zeugnisse aus den Anfängen sind dürftig und verlieren sich vorwiegend im Reich der Sagen und Legenden. Aber sie sagen uns etwas über den Stellenwert, den Pferde und Reiten schon damals einnahmen. Und seit den Römern – vor allem Cäsar hat uns in „De bello gallico", seinem Werk über den Krieg in Gallien, gut informiert – wissen wir, dass die Germanen ein Reitervolk waren. Sie kannten Gebisse und sie hatten so etwas wie Sattelpads entwickelt. Nur Steigbügel kannten sie nicht – die wurden erst später erfunden. Doch zu der Zeit, als berittene, germanische Auxiliares – Hilfstruppen – für die Römer ins Feld zogen, hatten ihre Offiziere wohl schon Xenophon gelesen. Die germanischen Reiter wurden nämlich von jungen Römern aus guten Familien kommandiert, und bei denen gehörte nicht nur der Reitunterricht, sondern auch Griechisch zur Ausbildung.

Von Xenophon lernten Schüler Dinge wie zum Beispiel: „Als Reitschule (=Hufschlagfigur) empfehle ich den so genannten Zirkel; denn er gewöhnt (das Pferd) daran, sich auf beiden Händen (eigentlich „Laden") zu wenden. Auch die Reitschule zu wechseln, ist gut, damit beide Laden auf beiden Seiten der ‚Schule' ausgeglichen werden." [40]

Oder ein anderer Leitsatz: Xenophon spricht über die Leute, die meinen, ihr Pferd wirke „prächtiger", wenn sie es im Maul reißen und mit Gerte und Sporen malträtieren und stellt fest: „Wenn man aber sein Pferd lehrt, am langen Zügel zu gehen, den Hals hoch zu tragen und vom Hals an zu wölben, so bewirkt man, dass das Pferd das tut, woran es auch selbst seine Freude hat und womit es sich brüstet."

Merken Sie's? Den ersten Satz könnte man auch kurz zusammenfassen: Machen Sie Ihr Pferd auf beiden Händen geschmeidig und richten Sie es dadurch gerade. Und bei der zweiten Anleitung

➤ Eine griechische Amphore aus dem Bestand des Louvre in Paris zeigt einen berittenen Krieger.

sind wir in der Ausbildung schon weiter fortge-
schritten: Nun geht es darum, dass das Pferd in
Balance ist – sonst könnte es kaum so am „langen
Zügel" gehen, wie Xenophon es verlangt – und sich
mit aufgewölbtem Hals und damit auch aufgewölbtem Rücken, denn das eine geht nicht ohne das
andere – präsentiert.

Ich vermute, Sie haben solche Anweisungen
auch schon von Ihrem Reitlehrer gehört. Abgesehen von dem langen Zügel – auf den wir später
noch zu sprechen kommen – passt das nämlich
auch zur modernen Sportdressur. Und bedingt,
denn hier müssen wir die Diskussion um den
Zügel aufnehmen, zu den Anhängern der klassischen Dressur und ebenso zur fortgeschrittenen
Westernreiterei (wobei da der lange Zügel wieder
passt).

Damit sind wir wieder einmal an einem ganz
wichtigen Punkt: Reiten ist nicht am grünen Tisch
entstanden. Die „Techniken", die beim Reiten
angewandt werden, haben sich aus der Praxis ergeben und sie folgen spätestens seit Xenophon demselben Prinzip: Das Pferd so optimal wie möglich
für seinen Job unter dem Sattel zu trainieren. Und
ich denke, das ist einer der entscheidenden Unter-
schiede zwischen der Reiterei und anderen Sport-
arten. Als Tennisspieler bemühen Sie sich, Ihre
Technik zu verbessern, weil Sie dadurch mehr
Spiele gewinnen können und / oder weil es besser
aussieht, wenn Sie eine tolle, lange Rückhand spielen können. Wenn Sie dabei die falsche Technik
anwenden, schaden Sie niemanden als sich selbst.
Beim Reiten ist das anders. Sicher verbessern Sie
mit allem, was Sie dazulernen, Ihre Chancen auf
dem Turnier und natürlich sieht es gut aus, wenn
Sie einen Mitteltrab geschmeidig sitzen oder eine
elegante Passage reiten können. Aber das Training
soll üblicherweise nicht nur Ihnen dienen, sondern
auch Ihrem vierbeinigen Partner. Und mehr noch:
Selbst wenn Sie das Glück haben, dass Ihr Reitlehrer Sie auf einen vierbeinigen Professor setzt
und sich für diese Lektion ganz auf Sie konzent-

◄ Illustration aus dem Falkenbuch von Fried-rich II. von Hohenstau-fen, entstanden zwischen 1241 und 1248

riert, kommt es den Pferden zu Gute. Alles, was Sie
im Sattel lernen und schließlich können, macht es
Ihrem Pferd leichter, Ihre Hilfen zu verstehen,
umzusetzen und sich zu gymnastizieren.

Doch zurück zur Geschichte der Reiterei. Aus
der Frühzeit und dem Mittelalter haben wir fast
keine schriftlichen Zeugnisse. Aber dafür haben
wir Bilder. Buchmalereien, der Teppich von Bayeux
und Gemälde zeigen uns Reiter und so wissen wir,
dass die Herren damit fast im Spaltsitz mit steif
nach unten gestreckten Beinen unterwegs waren
und teilweise sehr scharfe Gebisse benutzten. Die
Damen waren damals im Seitsitz auf Pferden unterwegs, die Pass gingen. Das ist nämlich erschütte-
rungsfreier als andere Gangarten – und damals
mussten vornehme Frauen oft weite Strecken
zurücklegen.

Da war zum Beispiel Königin Konstanze von
Aragon (ca. 1184–1222), die erste Gemahlin vom
letzten Stauferkaiser Friedrich II. (1194–1250). Von
ihr wissen wir, dass sie ihren jungen Ehemann auf

Frau im Sattel

Bei den alten Rittersleut' war's keine Frage: Damen ritten nur im Seitsitz auf speziell dafür ausgebildeten Pferden, die dazu noch oft genug – alte Bildzeugnisse belegen es – von einem Mann geführt wurden. Und daran änderte sich für lange Zeit nichts. Frau im Herrensattel fand man skandalös. Noch 1893 schrieb die Pferdekennerin und Tierarztgattin Alice Hayes: „»Wer diese Idee [Frauen im Herrensattel reitend] ernst nimmt, ist entweder verrückt oder ein völliger Ignorant. Erstens würde eine Frau im Herrensattel wenig anmutig aussehen ...Zweitens würde die Gesundheit jeder Frau, die à califourchon reitet, in dem Augenblick leiden, in dem sie der Ehrgeiz überkommt, sich schneller als im Schritt zu bewegen.«[41] Es dauerte bis zur Mitte des 20. Jahrhunderts, bis die Frauen den Herrensattel vollends für sich erobert hatten – und selbst dann fühlten sich manche Männer noch damit unwohl und versuchten, die Amazonen wenigstens noch in Teilbereichen einzuschränken. So befand Dr. Reiner Klimke noch 1988, dass die Vielseitigkeit „Eigenschaft erfordere, die ich an Frauen nicht schätze".[42] Immerhin hat das seine Tochter Ingrid nicht aufgehalten. Sie gehört heute zu den international führenden Vielseitigkeitsreiterinnen. Überhaupt haben die Frauen in der Reiterei aufgeholt. In Deutschland gibt es mittlerweile zwei

Land(ober)stallmeisterinnen und eine Bundestrainerin Dressur, in den deutschen Landgestüten werden jede Menge Mädchen ausgebildet; unter denen, die die Ausbildung als Pferdewirt abschließen, sind inzwischen in fast allen Sparten – Zucht und Haltung, Reiten, Rennreiten – die Frauen dominant. Die Reiterei ist in weiblicher Hand – und es scheint ihr gutzutun.

einer Reise von Palermo nach Konstanz begleitete. Oder kennen Sie Eleonore von Aquitanien (1122–1204)? Die Dame war offenkundig ebenso eigenwillig wie abenteuerlustig. In erster Ehe war sie mit König Louis VII. von Frankreich verheiratet, der eigentlich hatte Mönch werden wollen und nur durch einen tödlichen Reitunfall seines Bruders auf den Thron gekommen war. Man sagte ihm nach, dass er auch als Ehemann vorwiegend mit Beten beschäftigt war und Eleonore sich mit ihm fürchterlich gelangweilt hätte. Deswegen war sie wohl auf Abwechslung aus und fand sie unter anderem darin, dass sie den Herrn Gemahl auf den Kreuzzug nach Jerusalem begleitete. Der Ehe half das

aber auch nicht. Ein paar Jahre später wurde sie annulliert und Eleonore heiratete 1158 Henry Plantagenet, seit einigen Jahren König von England. Henry war viel unterwegs, ebenso reiste Eleonore durch ihre Besitzungen. Doch man traf sich regelmäßig zu Weihnachten – und zwar 1156 in Bordeaux, 1157 in Oxford, 1158 in Cherbourg, 1159 in Falaise, 1161 in Le Mans, 1162 in Bayeux und 1163 wieder in Cherbourg. Allein daran sieht man: Die Dame muss einige Zeit im Sattel oder in der Kutsche verbracht haben.

Die Herren damals waren wohl noch mobiler und wenn sie nicht gerade auf Reisen waren, trainierten sie – selbstverständlich auch zu Pferd –

ritterliche Kampftechniken oder sie gingen auf die Jagd.

Immerhin hilft die Tatsache, dass die Ritter so viel Zeit auf dem Pferd verbrachten, heute den Archäologen. Bei Menschen, die sehr viel reiten, gibt es nämlich bestimmte degenerative Veränderungen im Bereich des Beckens und Oberschenkels – und daran konnten zum Beispiel die Ausgräber, die in der Picardie das Schlachtfeld bei Agincourt ausbuddelten, französische Ritter von englischen Bogenschützen unterscheiden.

In der ausgehenden Renaissance waren Spanien und Italien die Länder, in denen man sich wohl am meisten Gedanken um die Reiterei machte – und da tauchen nun auch wieder schriftliche Zeugnisse auf. Allerdings kann man beim Lesen teilweise Gänsehaut bekommen, denn unbedingt „pferdefreundlich" waren die Anweisungen nicht. Da war zum Beispiel der Neapolitaner Frederico Grisone, der mit „Gli Ordini di Cavalcare" (Reitvorschriften) ein viel beachtetes und übersetztes Werk vorlegte. Die Gebisse, die er den Pferden ins Maul schob, sahen wie Folterinstrumente aus, aber immerhin schrieb er: „Die Grundlage der Lehre liegt in einer guten, weichen Verbindung zum Maul ... so wie die Belohnung des Pferdes nach erfolgtem Gehorsam ... lobe und streichle das Pferd jedes Mal, wenn es willig deinen Wünschen folgt."[43]

Das war die eine Seite. Die andere war brutal: „Wenn sich ein Pferd, sei es aus Furcht vor der Arbeit oder aus Sturheit, nicht der Aufsteigetreppe nähern will, so schlage es mit einer Rute zwischen den Ohren auf den Kopf (unter Schonung der Augen) und auf alle Körperteile, die du für richtig hältst, und drohte ihm mit einer harten und furchterregenden Stimme. So wird es erkennen, dass du genauso stur bist und dich von da an wie ein Lamm aufsitzen lassen." Diese Sätze stammen auch von Frederico Grisone.

Es gab aber auch schon damals Lichtblicke und einer war sogar hervorragend in ganz Europa vernetzt: Claudio Corte. Er schrieb das ebenfalls sehr

erfolgreiche Buch „Il Cavallerizzo", dass er Robert Dudley, Earl of Leicester, widmete. Klingelt bei diesem Namen etwas bei Ihnen? Ja, richtig: Der Earl of Leicester war nicht nur der Stallmeister von Englands Königin Elizabeth I., sondern auch ihr engster Vertrauter und eventuell sogar mehr. Außerdem war er so etwas wie tonangebend in Sachen Stil und Eleganz am englischen Hof. Was er tat, wurde kopiert. Und der Earl war offenkundig ziemlich italophil: Er hatte einen italienischen Tanzmeister, einen italienischen Zeichenlehrer und gleich zwei italienische Reitlehrer, neben dem schon genannten Cortes nämlich auch noch einen gewissen Prospero d'Osma aus Neapel. Und der war offenkundig von seinem Kollegen Pignatelli beeinflusst, der übrigens auch Lehrmeister von Pluvinel, Vargas und dem deutschen Reitmeister von Löhneysen war. Er selbst wiederum hatte Verbindungen zu

◄ *Preußenkönig Friedrich II. (1712–1786) auf seinem Schimmel Conde, Gemälde von Emil Hünten, 1865*

Zirkusreitern aus Konstantinopel gehabt, die die brutalen Methoden Grisones ablehnten. Stattdessen setzten sie auf weichere Gebisse, weniger lange Sporen und dafür viel Lob und Belohnung. Pignatelli folgte ihnen darin, aber seine wohl wichtigste Botschaft war die Arbeit an den Pilaren und das Training der Seitengänge auf zwei Hufschlägen.

Mit seinen sanfteren Methoden folgte Pignatelli einem Trend, der dann in der Barockreiterei mündete und sicher seinen Anteil daran hatte, dass die Reitkunst eine Hochblüte erlebte. Sylvia Loch schreibt darüber: „... damals (war) das Reiten guter Pferde dem König und seinen adeligen Höflingen vorbehalten ... Mit dieser neuen, kultivierten Ära kam auch ein gewisses Zeremoniell auf. Bald wurden die Artigkeiten und Regeln des Bahnreitens zu einer eigenen Kunst. Aus den einfachen Kampf-

figuren entstanden kunstvolle, genau geregelte Bahnfiguren. Ein Sprung war nicht mehr länger ein Zufallsprodukt, es gab von dort an eine vorgeschriebene Höhe, wobei der Pferdekörper einen bestimmten Winkel einnehmen musste; die vorausgehende, notwendige Biegung wurde in einer logischen und wissenschaftlichen Weise erarbeitet." [44]

In einer Kleinigkeit möchte ich Sylvia Loch allerdings widersprechen: Dressurreiten war zwar eine ausschließlich aristokratische Veranstaltung, aber in der Jagdreiterei waren durchaus Damen zugange. So zum Beispiel beim prachtliebenden Louis XIV. von Frankreich. In jungen Jahren ritt er fast täglich zur Jagd und eine Dame, die von ihm zur Kenntnis genommen werden wollte, musste mithalten können. Seine erste Maitresse, die schöne, sanfte Louise de la Vallière, war als Tochter eines Kavallerieoffiziers in der Provinz aufgewachsen und hatte da offenkundig Geländereiten gelernt. Jedenfalls machte sie auf der Jagd eine glänzende Figur und war einige Jahre immer an der Seite des Königs. Ihre Nachfolgerin Françoise-Athénaïs de Montespan, ritt sogar noch auf die Jagd, wenn sie mal wieder vom König schwanger war – sehr zum Ärger von Louis' Schwägerin Liselotte. Die in der Pfalz geborene Prinzessin, mit des Königs schwulem Bruder verheiratet, war in ihren Schwager verknallt, und da sie sehr gerne und gut ritt, war die Jagd eine Gelegenheit, mit ihm zusammen zu sein und vor ihm zu brillieren.

Man musste aber weder Mätresse noch unglücklich verheiratet sein, um als Frau im Barock zu reiten. In Wien tobte sich nämlich Kaiserin Maria Theresia (1717–1780) mit ihrem „Mäuserl" genannten Gemahl Franz-Stephan (1708–1765) nicht nur im Schlafzimmer aus – wovon 16 Kinder Zeugnis gaben –, sondern auch auf der Jagd und sogar in der Reitschule, wobei sie dabei ältere Hofdamen schockte: Sie nahm sogar einmal im Herrensattel an einer der prachtvollen Quadrillen teil.

Maria Theresia konnte dabei einen der schönsten Reitsäle genießen, die je erbaut worden sind:

➤ *Leutnant Charles Legrand, französischer Gardekürassier mit seinem Pferd, Gemälde von Baron Antoine-Jean Gros, etwa 1810*

Josef Emmanuel Fischer von Erlachs Winterreitschule, die Maria Theresias Vater Karl VII. (1697–1745) in Auftrag gegeben hatte. Über ihrer Vorderbühne steht: „Diese kaiserliche Reitschule wurde im Jahr 1735 zum Unterricht und zur Übung der adeligen Jugend wie auch zur Ausbildung der Pferde zu Kunstritt und Krieg erbaut." Und bis 1918 war die Hofreitschule übrigens dem Hof vorbehalten. Man musste schon Gast des Kaisers oder zumindest eines ranghohen Erzherzoges sein, um dort zuschauen zu dürfen.

In Wien wurde sicher hervorragend geritten und aus der Donaumonarchie kamen auch prägende züchterische Impulse – immerhin waren sowohl Neapel als auch Spanien und Lipica im Einflussbereich der Habsburger – aber das Zentrum der Barockreiterei war Frankreich.

Die Reitmeister der Könige

In Wien gab es einen der schönsten Reitsäle überhaupt, doch was Ställe und ihre Ausstattung anging, war Versailles nicht zu überbieten. Dabei hatte es dort klein angefangen: Louis XIII. (1601–1643) war eigentlich in Paris zuhause. Allerdings hatte er es nicht so sehr mit dem Regieren und seiner Ehefrau Anna von Österreich. Beides überließ er gerne seinem Minister Cardinal Richelieu und begab sich stattdessen auf die Jagd, wobei er sich auch gerne in Versailles austobte. Dort unterhielt er ein kleines Jagdschloss. Der 13. Ludwig war ein begeisterter und guter Reiter und er hatte das Glück, in einer Epoche zu leben, in der gleich zwei wichtige Reitmeister wirkten.

Der erste war Salomon de la Brone (1530–1610). Auch er war ursprünglich ein Pignatelli-Schüler gewesen, doch er entwickelte dessen „sanfte" Methode noch weiter und dokumentierte sie in „La Cavalerice François". [45] Da schrieb er dann zum Beispiel: „Der Leichtigkeit im Maul geht die Leichtigkeit des ganzen Pferdes voraus." Und

wichtiger noch: „Die Reiter sollten bedenken, daß große, scharfe Sporen nicht zur Ausbildung junger Tiere geeignet sind. Sie können ein Pferd in Angst versetzen und es mißtrauisch, furchtsam und demzufolge noch nervöser machen während heißblütige und cholerische Pferde leicht zur Verzweiflung anstatt zur Folgsamkeit gebracht werden könnten."

Zu den wichtigsten Erkenntnissen von de la Brone gehörte das Nachgeben im Genick und Unterkiefer, was eine sensible Reiterhand verlangt und das Pferd zur Geschmeidigkeit in der Anlehnung führt.

Den größten Einfluss auf Louis XIII. hatte aber wohl Antoine Pluvinel (1555–1620), der – nachdem er einige Jahr bei Pignatelli in Italien verbracht hatte, nach Frankreich zurückgekehrt, Ecuyer von König Henry IV. geworden war. In der Funktion hatte er auch dessen Kronprinzen, den späteren Louis XIII., unterrichtet.

Pluvinels hinterlassenes Werk erschien 1625 nach seinem Tod unter dem Titel „L'instruction du roy en l'exercice de monter à cheval" und ist ein

Dialog zwischen ihm und seinem royalen Schüler. Aus ihm stammt einer der berühmtesten Sätze zur Barockreiterei: „Hüten wir uns, das junge Pferd zu verdrießen und seine Anmut zu ersticken, denn diese gleicht dem Blütenduft, welcher, einmal verloren, niemals wiederkehrt."[46]

Pluvinel gilt als der Erfinder der Pilaren – zu Unrecht, denn er hatte sie von Pignatelli übernommen. Aber er setzte sie noch konsequenter ein, vor allem, um Temperament und Bewegung des unbelasteten Pferdes zu studieren. „Dies fällt mir an einer Stelle", schrieb er, „wo das Pferd eingegrenzt ist, viel leichter, denn man hat dann den Vorteil, all seine Bewegungen besser sehen zu können als wenn es einen Reiter trägt …"

Pluvinel war der erste, der sich schriftlich Gedanken um die natürliche Schiefe des Pferdes machte. Er meinte, dass sie durch die Lage des Fohlens im Mutterleib verursacht werde und dass sie durch die Arbeit an den Pilaren zumindest zu einem Teil ausgeglichen werden könne. Doch außer dem Geraderichten war ihm auch daran gelegen, dass die Pferde den Rücken aufwölbten und die Hinterhand aktivierten. In seinen Worten: „… dies (der aufgewölbte Rücken und ein schmiegsamer Sitz des Reiters) verleiht sowohl dem Pferd als auch dem Reiter Anmut und führt dazu, daß das Pferd mit der Hinterhand unter den Bauch tritt."

Nummer Drei unter den großen barocken Reitmeistern der Franzosen war François Robichon de la Guérinière (ca. 1688–1751). Sein Buch „Ecole de Cavalerie", erstmals 1729 in Paris veröffentlicht, hat alles, was danach kam, beeinflusst.

Wie seine großen Vorgänger, war De la Guérinère Ecuyer Royal, aber im Gegensatz zu ihnen hat er nie in Versailles gelebt. Er war ernannt worden, nachdem sich sein Können herumgesprochen hatte, und leitete dann die Reitschule in den Tuilerien.

Auch De la Guérinière war ein Vertreter der „pferdefreundlichen" Reiterei, die auf Kooperation statt Zwang und Strafen setzt: „Lobe so viel wie möglich, strafe sofort und nur so viel wie nötig.

Das Strafmaß muss dem Temperament des Pferdes angeglichen sein. Eine leichte Ermahnung zum richtigen Zeitpunkt wird oft ausreichen, um den Gehorsam wieder herzustellen. Ein Pferd, das so behandelt wird, wird seine Aufgabe, anstatt Widerstand zu leisten und zu resignieren, willig, schwungvoll und mit Brillanz ausführen; außerdem bleibt es länger auf dem Zenith seiner Leistungsfähigkeit. Wenn ein Pferd ungehorsam ist, ist das im allgemeinen darauf zurückzuführen, daß es einfach nicht verstanden hat, was der Reiter will, oder es liegt ein körperlicher Mangel vor."[47]

Natürlich hatte auch De la Guérinière mit der natürlichen Schiefe der Pferde zu tun, wogegen er die vom Herzog von Newcastle erfundene Lektion Schulterherein auf dem Zirkel weiter ausbaute. Bei de la Guérinière ging es auf dem ganzen Hufschlag entlang und durch die Ecken. Dabei ritt er die Lektion auf vier Hufschlägen. Heute wird sie in der modernen Sportdressur auf drei Hufschlägen

► *Schulterherein auf dem Zirkel: De la Guérinières Lieblingslektion zum Geraderichten des Pferdes*

ausgeführt, während man an der Spanischen Hofreitschule und in Portugal immer noch klassisch auf vier Hufschlägen unterwegs ist.

Von De la Guérinière stammt auch die heute noch gültige Definition von Piaffe und Passage, wobei seine Ansprüche daran höher waren als die heutiger Dressurrichter. Und während man heute in der Sportdressur Pi und Pa als fortgeschrittene Lektionen ansieht, die nur besonders begabten Pferden, die bereits sicher M-Niveau zeigen, gelehrt wird, gehörten die Übungen bei De la Guérinière zur Grundausbildung. Für ihn waren Piaffe und Passage nämlich kein Selbstzweck, sondern Teil der Gymnastizierung des Pferdes. In diesem Punkt folgen ihm heute die Portugiesen wie zum Beispiel Manuel Jorge de Oliveira und in Deutschland die klassische Ausbilderin Anja Beran sowie ihre Schülerin Kathrin Roida.

Doch der wohl wichtigste und interessanteste Baustein im Ausbildungsgebäude des François Robichon de la Guérinière ist das „Descente de Main" – und damit sind wir jetzt an der vorher angekündigten Diskussion um den langen Zügel.

De la Guérinières Erklärung des „Descente de Main" ist sehr umfangreich und kompliziert. Probieren wir es einmal mit Sylvia Lochs Kurzform: „Das Nachgeben von Hand und Bein." Anja Beran unterdessen erklärt das „Descente de Main" mit einer Übertragung des französischen Ausdrucks: „Entlassung auf Bewährung".

In der Praxis sieht das dann so aus: Wenn das ausgebildete Pferd sich mühelos versammeln lässt, weich im Maul, mit losgelassen schwingendem Rücken und aktiver Hinterhand, bei gut gebeugten Hanken fleißig tritt, belohnt man es, indem man sowohl mit den Zügel- wie auch den Schenkelhilfen komplett aussetzt. Der Witz dabei ist, dass das Pferd dabei nicht auseinanderfällt und im Bummelschritt latscht, sondern dass sich weder in seiner Haltung noch in seinem Tempo irgendetwas verändert. Das Pferd soll dabei nämlich beweisen, dass es die Versammlung nicht dadurch erreicht, dass

es vom Reiter zusammengeschraubt wurde, sondern dass es in stolzer Selbsthaltung unterwegs ist.

Sylvia Loch postuliert, dass man daran den Unterschied zwischen einem konventionell und einem brillant klassisch ausgebildeten Pferd erkenne: „Beim Ersteren wird Präzision durch die ständige Wechselwirkung aktiver Hilfen erreicht, das Pferd wird – je nachdem als williger oder unwilliger Partner – konstant zwischen Hand und Bein gehalten. Mit den Letzteren sind die Pferde gemeint, die sich völlig im Gleichgewicht ohne Verlust an Exaktheit dem Reiter hingeben und auf die kleinsten Gewichtshilfen reagieren."

Wundert es Sie, dass die Descente de Main in den FEI-Richtlinien für die Sportdressur überhaupt nicht erwähnt wird? Dabei ist die Descente de Main auch ein probates Mittel, kleine Verwerfungen im Maul und Nacken zu korrigieren. Man kann nämlich sicher sein, dass ein Pferd, das so „auf Bewährung entlassen" wurde, danach locker und entspannt an die Hand herantritt.

Am Descente de Main kann man aber auch eine der Verbindungen zwischen der klassischen Dres-

sur und der Westernreiterei sehen. Westernreiten bedeutet ja keinesfalls, dass man sein Pferd einfach am langen Zügel auf der Vorhand dahinschluffen lässt. Auch wenn man vom Westernpferd „bequemere" Gänge – speziell im Trab, der als relativ schwungloser und damit komfortabel zu sitzender „Jog" das Reisetempo des Westernpferdes ist – erwartet, steckt hinter einem gut gerittenen Westernpferd einiges an Ausbildung. Und das Ziel ist von De la Guérinière gar nicht so weit entfernt: Ein perfekt ausbalanciertes Pferd, das sich in Selbsthaltung mit aufgewölbtem Rücken und aktiver Hinterhand locker vorwärtsbewegt.

Die Engländer und die Dressur

Es ist sicher kein Zufall, dass die Engländer über Jahrzehnte in der Sportdressur keine oder nur eine sehr geringe Rolle spielten. Die englischen Reiter sind Individualisten, die vorwiegend Gelände und Jagd reiten und von starren Regeln nicht viel halten. Es gibt nicht wenige unter ihnen, die nie Reitunterricht in dem Sinne, wie wir ihn in Deutschland durchführen, genossen haben, und ich habe

jetzt jenen alten Freund im Ohr, der einmal sagte: „Ist doch egal, wie ich draufsitze, solange ich mein Pferd nicht ärgere und nicht dauernd runterfalle."

Seine Reiterkarriere war typisch für einen Angehörigen der englischen „Upper Class": Er konnte kaum laufen, als er auf dem Gut seines Vaters schon auf dem Pony saß, und er verbrachte seine Kindheit damit, auf dem Pony durch die Gegend zu strolchen. Er sei 10 oder 11 gewesen, als man ihm ein Reitjackett und weiße Jodphur-Hosen gekauft und ihn zur Jagd mitgenommen habe. Und ja, klar sei er bei den ersten Jagden im springenden Feld öfter mal mitsamt dem Pony im Graben gelegen, aber als Kind falle man ja leicht und sein Pony sei sowieso hart im Nehmen gewesen. Vom Pony stieg er irgendwann aufs Großpferd um, ritt ab und zu „just for the fun of it" bei ländlichen Turnieren ein Springen und hatte ansonsten Spaß an langen Ausritten und Jagden. Ich habe noch erlebt, wie er mit 80 Jahren die Abkürzung über eine Mauer nahm. Nur mit Dressur hatte er sein Leben lang nichts am Hut.

Allerdings war es in England nicht immer so. Ich habe es vorher schon erwähnt: In der elisabethianischen Zeit wurde zumindest am Hof Dressur geritten und unter Charles I. (1600–1649) und seinem Sohn Charles II. (1630–1685) gedieh einer der großen Reitmeister seiner Zeit: William Cavendish, 1. Duke of Newcastle (1592–1676). Er war ein Produkt der Renaissance: hochgebildet, kunstsinnig, weitgereist. Er sprach italienisch und französisch, er schrieb Gedichte und baute, beziehungsweise ließ bauen – so zum Beispiel sehr luxuriöse, leider nicht erhaltene Stallungen und ein Reithaus bei seinem Schloss Welbeck in Nottinghamshire. Und nachdem er jahrelang auf dem Kontinent unterwegs gewesen war, um bei den französischen und italienischen Reitmeistern zu lernen, hatte er sich eine nette Pferdesammlung – vom Neapolitaner über den Spanier zum Türken – angelacht. Seine Lieblinge waren allerdings Spanier, die er enthusiastisch pries: „Das schönste, sanfteste Pferd … Seine Intelligenz ist weit größer als die der besten italienischen Pferde, daher lässt es sich auch am leichtesten dressieren."[48]

Schließlich schrieb Cavendish auch ein Buch über seine Erkenntnisse, das, allerdings zuerst ins Französische übersetzt, 1658 in Antwerpen erschien. Erst 1743 kam es dann unter dem Titel „A general system of horsemanship in all its branches" heraus.

Um es direkt zu sagen: In England krähte kein Hahn danach, was dem Verfasser wohl bewusst war: „Eine Wissenschaft, die überall in Europa notwendig ist und bis dato in England so stark vernachlässigt oder missbilligt wurde, dass junge Gentlemen für diesen Teil ihrer Erziehung Zuflucht zu fremden Nationen nehmen mussten."

Der Prophet galt nichts im eigenen Land, dabei war seine Reitweise absolut schlüssig und pferdefreundlich – jedenfalls weitgehend. Er war gegen harte Strafen: „Ich habe noch nie gesehen, daß man sich mit Gewalt und Wut beim Pferd durchsetzen kann … Fängt der Reiter an zu schlagen und den Sporn zu gebrauchen, wird sich das Pferd widersetzen …". Auch für Durchgänger empfahl er, nicht etwa ein schärferes Gebiss einzusetzen, sondern das Pferd vorwärtszureiten und es dann „sehr behutsam und in Etappen zu einem langsameren Schritt" durchzuparieren. Überhaupt sollte die Verbindung zwischen Pferdemaul und Reiterhand „leicht wie eine Feder" sein.

Cavendishs wichtigster Beitrag zur klassischen Reiterei dürfte aber die Einführung des Schulterhereins auf dem Zirkel sein, aus dem dann De la Guérinière das Schulterherein auf gerader Linie entwickelte.

Heute noch umstritten: François Baucher

Er war der „Erfinder" der A'Tempo-Wechsel und wir haben ihm eine Menge Erkenntnisse über den Sitz zu verdanken. Gleichzeitig war François Baucher (1786–1873) nicht nur einer der populärsten, sondern auch einer der umstrittensten Reitmeister aller Zeiten. Noch heute fällt vielen bei Baucher

◄ *Das Faible für Barockpferde teilt Anja Beran mit vielen alten Meistern.*

erst einmal „Zirkusreiterei" ein und dann sehr viel – wenn nicht sogar zu viel – „Handarbeit" und „abgebrochene Hälse".

Fangen wir mit dem „Vorwurf" Zirkusreiterei an: Dieser ist im Fall Baucher „berechtigt", denn er ist tatsächlich im Zirkus aufgetreten. Ich weiß nur nicht, was daran negativ sein soll – weder heute noch viel weniger damals. Zu Bauchers Zeiten war der Zirkus – zumindest in Paris – ein Treffpunkt der feinen Welt, und die Herrschaften, die damals in den Logen saßen, verstanden eine Menge von Reiterei. Mit „billigen Tricks" hätte man ihnen bestimmt nicht kommen dürfen – und insofern passte es durchaus, dass Baucher als einer der besten und prägendsten Reiter seiner Zeit seine Kunst in der Manege entwickelte und ausübte.

In diesem Zusammenhang möchte ich mir dann auch die Anmerkung erlauben, dass auch noch heute im Zirkus hervorragend geritten wird, zumindest bei den großen. In Deutschland steht dafür vor allem der Branchenprimus Circus Krone, der sich Richard Hinrichs und Anja Beran als Aus-

bilder leistet und bei dem Juniorchefin Jana Lacey-Krone die reiterliche Tradition hochhält. Auch sie folgt – zumindest partiell – Baucher darin, dass sie A'Tempo-Wechsel reitet und ihre Pferde verschiedene Tricks, wie zum Beispiel das Kompliment, beherrschen.

Noch näher an Baucher ist aber Anja Beran, in deren Stall man unschwer erkennen kann, dass sie einem Leitsatz des großen Franzosen folgt: „Die Dressur ist für das Pferd und nicht das Pferd für die Dressur." Bei Anja Beran zeigt sich das darin, dass sie sich bei ihrer Arbeit nicht auf die klassischen Barockdressurpferde-Rassen beschränkt. Neben Lusitanos, PREs, Lipizzanern, Friesen und Kladrubern finden sich bei ihr auch deutsche Warmblüter, Halbblüter, Araber und sogar Haflinger.

Baucher selbst – und darin unterschied er sich von seinen Vorgängern wie De la Guérinière – beschäftigte sich vorwiegend mit Voll- und Warmblütern und er war in der Befolgung seines Grundsatzes konsequent. Während De la Guérinière als Ecuyer des Königs die Wahl zwischen den besten spanischen und neapolitanischen Pferden hatte und auch nur solche ausbildete, meinte Baucher, dass eine gute Ausbildungsmethode für jedes Pferd anwendbar sein müsse. Und mehr noch: Gerade problematische Pferde mit körperlichen Mängeln müssten davon profitieren.

Der Ansatz ist sehr modern – und er zeigte die Abwendung von der rein höfischen zu einer mehr „demokratischen" Reiterei, wobei Baucher natürlich in Richtung Kavallerie schielte.

Aber was machte denn nun das System Baucher aus und warum ist es immer noch so umstritten? Ich denke, es hat ganz viel damit zu tun, dass es eigentlich zwei Ausbildungskonzepte Bauchers gibt, die sich zumindest in Teilen widersprechen. Dahinter steckt ein Reifeprozess, Erkenntnisse und die beachtliche Fähigkeit, eigene Fehler einzusehen, einzugestehen und zu korrigieren. Konkret sah das so aus: 1842 veröffentlichte Baucher „Le resumé complet des principes de la nouvelle

▼ Der Spanische Schritt schult die Schulterfreiheit und den Takt.

◄ *Abkauübung: Korrektes Anheben des Kopfes bis zur Horizontalen und Auslösen der „Cession de machoire" bei gedehnter Unterhalsmuskulatur*

méthode" (kurz „die erste Manier" genannt). 1867 kam er mit „Méthode d'equitation basee sur de noveaux principes" (die „zweite Manier"), und es ist nicht abzustreiten – Baucher hätte es auch nicht getan, im Gegenteil –, dass die erste und zweite Manier sich teilweise widersprechen.

Gewertet wurde (und wird) aber meist die erste Manier, und da stoßen sich die Kritiker vor allem an zwei Punkten: Der sogenannten „Cession de machoire" – der Nachgiebigkeit des Unterkiefers, die größtenteils durch Handarbeit erreicht wird, und die „Assonplissements" – die starke Halsbiegung. Dazu kam, dass Baucher – da im Gegensatz zu De la Guérinière und Cavendish, die ja großen Wert auf Aufrichtung legten – seine Pferde sehr tief einstellte. Das bevorzugte Gebiss war dabei die Kandare.

Doch weil bei Bauchers erster Manier vorne einiges an „Bremskräften" entfaltet wurde, musste von hinten entsprechend getrieben werden. Schenkel und Sporen waren im Dauereinsatz.

Bei der zweiten Manier nahm Baucher einiges davon zurück. Er reduzierte die Assonplissements auf Achtelbiegungen, ließ jetzt Aufrichtung zu, empfahl „wohldosierte Sporenvibrationen" und den hauptsächlichen Einsatz der Trense. Und ganz wichtig und zu beherzigen: „Main sans jambes, jambes sans main" – Hand ohne Schenkel, Schenkel ohne Hand. Baucher begründete das damit, dass man dem Pferd nicht zu viele Hilfen auf einmal zumuten solle, weil man es dadurch verwirre.

Ich denke, bei Baucher kam etwas zum Tragen, was man weder in einer Reitlehre darstellen noch in der Reithalle unterrichten kann, was wir uns aber immer wieder bewusst machen sollten: Zwischen Pferd und Reiter entsteht in den besten Fällen eine Verbindung, die über das hinausgeht, was man theoretisch erklären kann. Der Tierarzt Robert Stodulka, der ein sehr kluges Buch über Baucher geschrieben hat, wusste dazu: „Sein außergewöhnliches reiterliches Feingespür ließ ihn oft an Grenzen herankommen, zu denen viele niemals hätten vordringen können. Er besaß aber auch die Finesse, diese Hürden zu meistern. So steckte und steckt in seinen Dressurmitteln zwar eine sehr große Macht, die allerdings nur unter größtmöglichem Feingefühl in ihrer Anwendung zu einem überdurchschnittlichen Erfolg führen kann."[49]

Ich denke, es geht sogar noch über das hinaus, was Stodulka „Feingefühl" und andere „Horsemanship" nennen. Es geht um diese besondere Verbindung zum Pferd, über die alle herausragenden Reiter verfügen und die Baucher ebenfalls offenkundig hatte.

Mir fällt dazu eine Szene ein, die ich einmal auf einem Gestüt in Württemberg erlebt habe. Ich war mit einer der Stuten auf dem Reitplatz unterwegs, als jemand – unter den Augen des Chefs – mit dem Auto auf einen gesperrten Weg fuhr. Der Gestütsleiter erbat sich mein Pferd, saß auf, wie er war – Arbeitskittel, Cordhose, Gummistiefel – und verschwand im Galopp auf dem Feldweg. Es stellte sich heraus, dass der Fahrer einen guten Grund gehabt hatte, auf den Weg einzubiegen, und so kamen Stute und Herr nach einem Viertelstündchen zurück – und mir fiel fast die Kinnlade in den Sand. Die beiden waren im Mitteltrab unterwegs und ich habe selten einen schöneren, schulbuchgerechteren gesehen! Die elegante Schimmelstute hatte den Hals stolz aufgewölbt, kaute zufrieden am Gebiss, streckte die Vorderbeine fast senkrecht und hielt sie jedes Mal in einer kleinen Kadenz, die Hinterbeine fußten mit gebeugten Hanken tief unter ihren Körper und ihr Reiter saß mit der konzentrierten Lockerheit, die den wirklich guten Reiter ausmacht.

Ich war damals noch Anfängerin, aber dennoch habe ich etwas begriffen: Reiten ist mehr als bestimmte „Techniken", die man erlernen und durch Übung verfeinern kann. Wenn es über den Sport hinaus zur „Reitkunst" werden soll – und was mir damals auf dem Feldweg vorgeführt wurde, war Reitkunst! –, verlangt es ein ganz besonderes Gefühl fürs Pferd, das aus ihm und dem Reiter eine harmonische Einheit werden lässt. Und dieses besondere Etwas ist unabhängig vom Reitstil. Ich habe es bei Sportreitern gesehen und bei Barockreitern, es kommt bei Westernreitern vor, es zeichnet die wirklich guten Gangpferdereiter aus und steht wohl auch für manche Siege in großen Rennen.

Dressur als Basis der Reiterei – bei der Kavallerie

Baucher suchte sein Leben lang die Anerkennung der Reichen, Schönen und Arrivierten. Dazu gehörte auch das Militär, wobei er natürlich nach Saumur, schon damals Zentrum der französischen Reiterei, schielte. Unterdessen zeigten sich aber die Preußen aufgeschlossen und prüften das System Baucher zwei Jahre lang, um sich dann aber dagegen zu entscheiden.

Um zu verstehen, wie sich die Kavalleriereiterei entwickelte, muss man sich ein wenig mit Militärgeschichte beschäftigen. Im Mittelalter und im Barock waren auch die Reiter zunächst Einzelkämpfer, die sich hauptsächlich auf ihr Schwert und die Wendigkeit ihres Pferdes verließen. Wenn ihm Feinde zu nahe kamen, entzog es sich durch Sprünge, wie zum Beispiel die Capriole, die De la Guérinière wie folgt beschreibt: „Die Capriole ist der höchste und vollkommenste von allen Sprüngen. Wenn das Pferd mit Vor- und Hinterhand gleich hoch in der Luft ist, so streicht es stark hinten aus …"[50] Wem die Hinterhufe eines ausschlagenden Pferdes um die Ohren flogen, ist vermut-

◄ Links: Die Wiener Courbette, aus dem Buch „Die Reitkunst im Bilde" von Ludwig Koch (1866–1934)
Rechts: Die Wiener Levade von Ludwig Koch

lich ganz schnell auf Abstand gegangen – und das war ja auf dem Schlachtfeld der Zweck der Übung.

Man konnte aber als Angreifer auch von Vorderhufen getroffen werden – einer der ältesten „Abwehrsprünge" war nämlich, was an der Spanischen Hofreitschule als Pesade definiert wird und in der Fortführung zur Courbette wird (beim Cadre Noir und bei den Spaniern in Jerez de la Frontera werden die Schulsprünge anders ausgeführt und bezeichnet). Die Pesade hat schon Xenophon beschrieben: „Es ist nicht wahr, wie einige glauben, dass das Pferd, welches die gelenksamsten Beine hat, darum allein mehr Leichtigkeit besitze, sich mit dem Vorderteile zu erheben, sondern nur dasjenige, welches das biegsamste Kreuz, kurze und starke Lenden hat, dieses wird die Hinterfüße am weitesten unter die Vorderfüße setzen können, und im Augenblicke, da es dies tut und man ihm den

Zaum anzieht, so wird es den Hinterkörper auf die Fersen stellen und sich mit dem Vorderteile erheben, so dass man von vorn den Bauch und das Geschröte sieht."[51]

Aus der Pesade – dem kontrollierten Steigen, das in Wien aus der tief gesetzten Hinterhand mit stark gebeugten Hanken entsteht – kann man bei einem talentierten Pferd dann die Croupade entwickeln, die ich als Kind, als ich sie das erste Mal sah, mit „Guck mal – das Pferd macht Häschen hüpf!" kommentiert habe. Daran denke ich heute noch, wenn ich sehe, wie ein Pferd auf der Hinterhand stehend nach vorne hüpft. Ich kann mir allerdings vorstellen, dass es in einer Schlacht nicht nach putzigem „Häschen hüpf" aussah, sondern bedrohlich wirkte – übrigens auch auf ein Pferd.

Doch mit dem Ende des Barocks änderte sich der Einsatz der Kavallerie. Die Schusswaffen wurden immer besser und vor allem zuverlässiger, was dazu führte, dass der Einzelkampf in den Hintergrund trat. Die Kavallerie bestand nicht mehr aus Herren, die auf dem Schlachtfeld ihr eigenes Ding machten, sondern aus Einheiten, die geschlossen gegen den Feind anstürmten. Erst dann kam es zum Einzelkampf, doch nun traten dabei vorwiegend Reiter gegen Reiter an.

Die neue Kampftaktik nannte man „Campagnereiten" und die erforderte natürlich einen anderen Reitstil und andere Pferde als die barocke Reiterei. Zu Zeiten Friedrichs des Großen (1712–1786) wurden hauptsächlich drei Eigenschaften vom Kavalleriepferd gefordert: Schnelligkeit – die Attacken

➤ *Im Gleichschritt Trab Marsch! Das württembergische Ulanenregiment König Wilhelm I.*

wurden ja im Galopp geritten; Gehorsam – im Einzelkampf musste einhändig geritten werden und das Pferd wendig und geschickt den Kommandos seines Reiters folgen. Und schließlich Geländesicherheit – Kriege wurden ja nicht in der Reithalle ausgetragen.

Bei Napoleon (1769–1821) wurde die Kavallerie als taktische Einheit immer wichtiger. Daraus ergab sich, dass weder der Bedarf an berittenen Soldaten noch der an Kavalleriepferden aus den alten Quellen – der Aristokratie und ihren Gestüten – befriedigt werden konnte. Von Napoleons Reitern weiß man, dass sie überall in Europa Pferde requiriert haben. Ihre Gegner taten es ihnen gleich – so kam zum Beispiel Byerly Turk, einer der Stammväter der Vollblutzucht, vermutlich Berber oder Araber, als „Kriegsbeute" nach England.

Die Vielfalt an Pferderassen und die Notwendigkeit, viele junge Männer für die Kavallerie zu schulen, wirkte sich entsprechend auf das Ausbildungskonzept aus. In Preußen, und damit prägend für Deutschland, war für eine geregelte Reitausbildung erst die Militärschule in Schwedt zuständig. 1867 übernahm dann die Kavallerieschule in Hannover und blieb bis in die 40er Jahre des vorigen Jahrhunderts Zentrum der deutsche Militärreiterei. Für die deutsche Kavalleriereiterei standen drei große Reiter: Ludwig Seeger (1794–1865), Ernst Friedrich Seidler (1798–1865) und Gustav Steinbrecht (1808–1885). Seeger schrieb 1844: „System der Reitkunst". Als Gegner Bauchers bezeichnete er diesen als „Totengräber der französischen Reiterei".

Seidler dagegen war ein überzeugter Baucher-Anhänger, wie er in seinen beiden Büchern „Die Dressur diffizier Pferde" (1846) und „Leitfaden zur gymnastischen Bearbeitung des Campagne- und Gebrauchspferdes" (1837) darstellte.

Noch weiter in die klassische Reiterei stieg Gustav Steinbrecht ein – und als seinen größten Verdienst kann man wohl bezeichnen, dass er in seinem Buch „Das Gymnasium des Pferdes" die hohe Reitkunst mit den praktischen Erfordernissen der

Kavalleriereiterei zusammenbrachte. Damit schuf er ein Standardwerk, das noch heute in den Bücherschrank jedes klassisch interessierten Reiters gehört.

Dabei vertraut auch Steinbrecht auf die von Baucher geforderte „Leichtigkeit": „Der Bereiter hat seine Aufgabe erfüllt und sein Pferd vollkommen ausgebildet, wenn er die beiden in der Hinterhand ruhenden Kräfte, die Schieb- und die Tragkraft, letzere in Verbindung mit der Federkraft, zur höchsten Entfaltung gebracht hat und in ihren Wirkungen wie ihrem Verhältnis zueinander beliebig und genau abzuwägen vermag." [52]

In der Tradition der deutschen Kavalleriereiterei stand auch ein Reitmeister, der einen ganz erheblichen Einfluss auf die moderne Sportreiterei genommen hat: Paul Stecken (1916–2016). Der spätere Major a. D. hatte sein Handwerk noch an der Kavalleriereitschule in Hannover gelernt, war an der Abfassung der HDV 12 beteiligt gewesen, war nach dem Krieg Leiter der Landesreitschule in Münster und hat zum Beispiel Reiter wie die großartige Ingrid Klimke trainiert. Steckens Reiterei zeichnete sich auch immer wieder durch Loslassen und Lockerheit aus. So schrieb er in einem Papier zum Buch seiner Schülerin Ingrid Klimke: „Bereits vor dem Kriege war es beim Lösen junger und alter Remonten, aber auch bei älteren Pferden, ohne viel darüber zu reden – selbstverständlich –, innerhalb einer Reitstunde (ca. 45 Min.) mindestens fünf bis sechs Mal auf jeder Hand für 8–10 Meter die Zügel rauskauen zu lassen. Erreicht wurde dadurch die erforderliche Lockerung des Rückens, vor allem damit sich u.a. die richtige Rückenmuskulatur für das Reitergewicht bilden konnte. Nach dem Kriege war dieser Ausbildungsgrundsatz – Zügel rauskauen zu lassen –, beim Anreiten junger Pferde den lockeren Rücken als Bewegungszentrum zu erreichen, auch bei älteren Pferden während des Reitens den hergegebenen Rücken und damit den ruhigen Schweif zu erhalten, fast in Vergessenheit geraten." [53]

Und dann kam Caprilli ...

Irgendwo habe ich einmal gelesen, dass es seit Xenophon eigentlich nur wenig Neues in der Reiterei gegeben habe. Marginale Veränderungen, subtile Verbesserungen, ein paar neue Lektionen wie Cavendish-Pluvinels Seitengänge und Bauchers A'Tempo-Wechsel, aber nichts wirklich Großes, Revolutionäres.

▲ So „wickelt man" klassisch ein Pferd um den inneren Schenkel.

Doch dann kam gegen Ende des 19. Jahrhunderts der italienische Kavallerieoffizier Federico Caprilli (1868–1907), der wirklich eine Revolution einläutete. Und wie alle Revolutionäre war Caprilli radikal: „Dressur und Campagne-Reiten sind meiner Meinung nach völlige Gegensätze. Das eine schließt das andere aus und zerstört es"[54], postulierte Caprilli. Und noch mehr: „Die Zügel sollten einzeln oder doppelt in beiden Händen gehalten werden oder, auf Kandare, alle Viere in einer Hand, obwohl ich nicht glaube, daß man mit vier Zügeln in einer Hand sein Pferd wirkungsvoll ‚lenken' kann. Denn solch ein Vorgehen verursacht bei Pferden Zaudern und Widersetzlichkeit."

Und: „Ich erachte auch den Versuch für nutzlos, unsere Schüler zu lehren, vom Schritt direkt in den Galopp überzugehen. Was macht es schon, wenn das Pferd zwei oder drei Trabschritte einlegt, wenn

es sich dadurch ebenso prompt wie ausgeglichen in Bewegung setzt und solches Vorgehen die Dinge für alle Beteiligten leichter und einfacher macht?" Er geht dann noch weiter: „Ein Pferd ist noch nie gestürzt, weil es mit falscher Fußfolge galoppierte. Ich halte es daher für nutzlos, den Schüler bezüglich des Außengalopps zu beunruhigen ..."

Ich denke, an der Stelle sollten wir dem mit dem Bade ausgeschütteten Kinde hinterherschauen und uns eine kleine Atempause erlauben. Mir kommen hier nämlich die Gegenargumente: Wenn das Pferd immer nur auf einer Hand galoppiert, nutzt es das dazu gehörende Vorderbein ab. Und wie ist es eigentlich mit der Durchlässigkeit, wenn das Pferd nicht aus dem Schritt heraus angaloppieren kann? Ist die Dressur nicht die Grundlage jeder Reiterei?

Holen wir noch einmal tief Luft und erinnern wir uns daran: Caprilli war in erster Linie Reiter. Seine Reitlehre war aus *seiner* Praxis erwachsen – Betonung auf „seiner". Hier scheint nämlich dasselbe Phänomen aufgetreten zu sein, wie bei Baucher: Was für ihn beziehungsweise Caprilli selbstverständlich war, was sie ritten, ohne sich dessen bewusst zu sein, und was ihrer persönlichen, fast magischen Beziehung zum Pferd entsprang, ging nicht in ihre Reitlehren ein. Es war für sie so wenig zu erklären, wie für mich einige Aspekte des Schreibens. Jeder von uns hat das wahrscheinlich schon einmal erlebt: Es gibt Reiter, die ihren Hintern in den Sattel schieben – und in diesem Moment verändert sich das Pferd: Die Ohren spielen, der Hals wölbt sich auf, das Pferd wartet nur darauf, gefordert zu werden. Es hat gespürt, dass jetzt ein wirklicher Reiter im Sattel sitzt.

Zurück zu Caprilli, dem man auf jeden Fall zugestehen muss, dass er nicht nur einige alte Werte in die Tonne trat, sondern auch Neues, Wegweisendes aufgebaut hat. Er hatte klar erkannt, dass zur Campagnereiterei – also der Reiterei der Kavallerie – vorwiegend Geländereiten und darin wiederum Springen gehört. Dafür schaute er erst

▼ *Springen im von Federico Caprilli erfundenen „leichten Sitz"*

einmal über den Kanal nach England. Das war damals das Zentrum der Springreiterei, wobei in England eben nicht nur auf der Jagd gesprungen wurde, sondern auch bei Point-to-Point-Rennen und bei den damals schon üblichen Hindernisrennen. Wenn auch damals ganz anders als heute.

Damals saßen die Engländer nämlich noch im „Sicherheitssitz" über dem Sprung. Als ideal galt der „Dreipunktsitz", bei dem die beiden Gesäßknochen und der Spalt fest im Sattel verankert sein sollten. Über dem Sprung beugt sich der Reiter dann zum Ausgleich der Bewegung nach hinten.

Genau dagegen ging Caprilli an. Sein Prinzip ist es, dem Pferd Schmerz und Unbehagen zu ersparen, indem man ihm nichts „Künstliches oder Gezwungenes" abverlangt.

Bei fast allen Reitlehren davor ging es um Gehorsam und darum, das Pferd in jedem Moment kontrollieren und „beherrschen" zu können. Für Caprilli aber war Vertrauen keine Einbahnstraße und aus dem beidseitigen Vertrauen sollte Kooperation entspringen. In seinen Worten: „Neunzig Prozent aller Pferde, die ungeregelt auf ein Hindernis losstürmen, kann man binnen einer halben Stunde in die Hand bekommen, nötigenfalls so weit, daß sie mit der Nase am Hindernis anhalten – vorausgesetzt, der Reiter macht ihnen klar, daß er in ihre allgemeine Freiheit oder ihre instinktiven Sprungvorbereitungen nicht eingreifen wird."

Nicht eingreifen, nicht stören – das ist Caprillis Zentralbotschaft, wenn es um Springen geht. „Wenn der Reiter in der Lage ist, in allen Sprungphasen reibungslos auf die Bewegungen seines Pferdes einzugehen, hat er mehr als ausreichendes Geschick entwickelt, das Pferd auch bei allem anderen, was es tun mag, nicht zu stören."

Hieraus hat Caprilli auch seinen Springsitz entwickelt: Die Bügel werden zwei Loch kürzer als beim Dressursitz geschnallt, bei der Annäherung an ein Hindernis steht der Reiter auf und nimmt seine Kehrseite aus dem Sattel. Er schwebt leicht darüber, was dem Pferd darunter die Möglichkeit

gibt, seinen Rücken frei zu bewegen. Außerdem folgt der Reiter mit dem Oberkörper und den Händen der Bewegung des Pferdes, indem er sich leicht nach vorne beugt. Der Caprilli-Springsitz war geboren und was damit möglich war, bewies der Meister, als er 1902 in Turin mit 2,08 Meter einen neuen Hochsprungrekord aufstellte.

Caprillis Stil kam an. Sylvia Loch schreibt darüber: „Caprillis Stil fand in der Öffentlichkeit durchaus Anklang. Hier gab es eine Gebrauchsreiterei, die auf Lehrbücher verzichtete und unabhängig von der gesellschaftlichen Stellung praktiziert werden konnte. Man benötigte weder ein besonderes Übungsgelände noch ein teures Pferd. Stattdessen konnte man sein Talent einfach durch natürliche Balance, Mut im Gelände, Selbstvertrauen, den Willen nach Erfolg – und anfangs etwas Glück – entfalten."[55]

Seine ersten Anhänger fand Caprilli natürlich beim italienischen Militär, wo man dann die Dressur fast völlig aufgab. In Deutschland, Frankreich, den Niederlanden und Skandinavien übernahm man um 1910 herum den Caprilli-Springsitz, gab deswegen aber die Dressur nicht auf. Hier nahm man eindeutig das Beste aus beiden Welten mit.

Nicht so aber in England und Irland. Die englischen Herren und ihre eleganten Ladys im Damensattel hatten De la Guérinière, Baucher und sogar den Duke of Newcastle weitgehend ignoriert, sie dachten gar nicht daran, nun einem Italiener zu folgen. Ein Amerikaner, W. S. Felton, schrieb damals, dass die Engländer irgendwann die klassische Dressur aufgegeben und durch nichts anderes ersetzt hätten. „Als Folge sehen wir, wie die Engländer auf den besten Pferden der Welt mit enormem Mut, großer Kühnheit und oft mit großer Gewandtheit, jedoch ohne Methode ritten. Oft gingen ihre Pferde ausgezeichnet, was jedoch trotz und nicht wegen ihrer Ausbildungs- und Reitmethoden der Fall war."

Es dauerte noch bis in die 50er Jahre des vorigen Jahrhunderts, bis sich Caprilli auch in England voll-

➤ *In Amerika entstand aus der Gebrauchsreiterei ein eigener Reitstil.*

ends durchgesetzt hatte. Dafür waren die Amerikaner umso begeisterter – was vielleicht daran lag, dass sich in Amerika zu dieser Zeit gerade ein neuer Reitstil entwickelte.

Aus der alten in die neue Welt

Die ersten Reiter und Pferde in Amerika waren Anfang des 16. Jahrhunderts die Conquistadores, die natürlich iberische Pferde und den dazu gehörigen Reitstil mitbrachten. Dazu gehörten auch ihre bequemen Sättel mit hohem Vorderzwiesel. Diese eigneten sich auch für lange Ritte, vor allem, wenn sie, wie im amerikanischen Westen, auf weiten Ebenen stattfanden. Und dort, bei der Jagd auf die Bisons, vor allem aber beim Treiben der Langhorn-

rinder in die Schlachthäuser der großen Städte, entwickelte sich ein neuer Reitstil und der Westernsattel. Er war eine Abwandlung des spanischen Stils: Der hohe Vorderzwiesel bekam noch ein Horn zum Befestigen des Lassos aufgesetzt; der Sattel an sich wurde länger, um das Gewicht über eine möglichst große Fläche zu verteilen. Dabei blieb ein Hohlraum über der Wirbelsäule des Pferdes – dadurch war der Sattel für verschiedene Pferde brauchbar. Und schließlich gab es hinten noch verschiedene Befestigungsmöglichkeiten für die Ausrüstung des Cowboys am Sattel.

Gleichzeitig entwickelte sich aber in Amerika ein weiterer Reitstil und das Faszinierende daran war, dass er praktisch aus dem Nichts kam und fast keine Berührung zur Historie der europäischen Reiterei hatte. Die Indianer entwickelten ihre Reitkultur hauptsächlich aus ihrem Gefühl für das Pferd, und seine Bewegung und die Ergebnisse waren teilweise brillant. Charles Chenevix Trench beschrieb den Reitstil der Indianer so: „Im Schritt oder Trab saßen sie kerzengerade auf dem Spalt, die Beine nicht ganz gestreckt, die am Rumpf des Pferdes anliegenden Schenkel leicht nach vorne geneigt, die Unterschenkel senkrecht ... Im Renngalopp lehnte er sich weit nach vorne, seine langen Schenkel umklammerten das Pferd wie ein Schraubstock, die Unterschenkel fanden sich etwas hinter der Senkrechten."[56]

Die Indianer waren natürlich über die Spanier ans Pferd gekommen. Ein paar von ihnen hatten bei den Spaniern als Pferdepfleger gearbeitet, ihre Pferde hatten sie von den Spaniern gekauft oder „mitgenommen". Doch dann war es, als wenn die Indianer nur darauf gewartet hätten, endlich aufs Pferd zu kommen. Innerhalb von ein paar Jahrzehnten hatten sie einen Sitz entwickelt, der wie eine gelungene Kreuzung zwischen De la Guérinière und Caprilli wirkte – was aber wieder einmal beweist, dass gute Reiterei sich aus dem Eingehen auf die Bewegung des Pferdes ergibt.

Aus der Verbindung zwischen der Reiterei der Indianer und der der Cowboys entwickelte sich das „Westernreitern". Bei seiner Bewertung muss man berücksichtigen, dass „Gebrauchsreiterei" der Ursprung war. Die Cowboys ritten nicht nur, um sich von X nach Y zu bewegen, sondern sie mussten dabei ja auch noch Rinderherden zusammenhalten und in eine bestimmte Richtung bewegen. Daraus ergab sich zum Beispiel, dass sie einhändig reiten mussten – die zweite Hand brauchten sie ja fürs Lasso und die Peitsche. Außerdem war es für die Cowboys wichtig, dass ihr Pferd nicht nur kooperierte, sondern weitgehend selbstständig arbeitete.

Dazu ist allerdings auch eine Ausbildung erforderlich, wobei die beim Westernpferd ursprünglich zum größten Teil aus „learning by doing" bestand. Das Einreiten ging schnell und war sehr oft wirk-

lich ein „Einbrechen". Und dann ging es für das junge Pferd schon hinaus zur Arbeit. Natürlich nahm der Cowboy Rücksicht darauf, dass er auf einem unerfahrenen Youngster saß. Er wurde noch auf Trense gezäumt – das Bosal beziehungsweise die Westernkandare kamen erst später zum Einsatz – und musste nicht so lange arbeiten wie die „fertigen" Pferde. Obendrauf bemühten sich die Reiter, ihre Pferde mehr auf die Hinterhand zu setzen und sie unter dem Sattel ihre Balance finden zu lassen. Dabei hatten sie es mit den kompakten Westernrassen leichter als zum Beispiel die Deutschen mit ihren Langrechteckpferden.

Die Westernpferde, in deren Genpool Spanier, Lusitanos, Sorraias, Berber und englische Vollblüter zusammenkamen, waren (und sind) relativ kurze Typen, die schon von sich aus gut im Gleichgewicht sind und die man als Reiter ohne viel Mühe zusammenhalten kann. Inzwischen hat sich aber auch die Westernreiterei von der Gebrauchs- zur Sportreiterei entwickelt und dabei hat sich etwas Interessantes und fast Amüsantes ergeben: In den Ausbildungskriterien für die Westernreiterei nähert sich Western zunehmend der klassischen Reiterei.

Das Land der unbegrenzten Möglichkeiten hatte aber noch eine reiterliche Neuentwicklung zu bieten: Auf den großen Plantagen in den Südstaaten wurde viel Geld verdient und dadurch kam es zu einer zunehmenden Verfeinerung des Lebensstil. Die Herren Plantagenbesitzer wollten dazu passend elegante Pferde und die Möglichkeit, bequem zu reiten. Außerdem war man in diesem Bereich anglophil. Man veranstaltete Reitjagden wie die Engländer, und wer auf sich hielt, ritt englisch – in englischem Sattel und sehr oft auf einem Vollblüter. Auf denen wurde „englisch" getrabt – also leicht. Das ist allerdings, wie die europäischen Reiter wissen, nicht sonderlich bequem, schon gar nicht auf Langstrecke. Im Tölt ist das schon etwas anderes, und darum züchtete man im Süden schon bald Pferde, die vier und teilweise sogar fünf Gänge hatten.

Um 1850 herum schwappte diese Mode auch in die neu entstehenden Großstädte. Dort entwickelte sich eine reiche Oberschicht, die sich den Luxus, zum Spaß zu reiten, leisten konnte. Das „Park Riding" – Promenadereiten wie in Spanien, wobei die Amerikaner nicht auf der Straße, sondern im Park paradierten – kam auf. Allerdings setzte man in New York, Boston und Kentucky dabei auf die schicken Gangpferde aus den Südstaaten und ent-

Pferde – etwas ganz Besonderes

Kein Reiter wird es bestreiten: Pferde sind keine Tiere wie alle anderen. Sie haben bei uns Menschen immer eine Sonderrolle gespielt; sie stand immer für die Oberschicht und die Herrschenden und sie waren durch alle Zeiten hindurch ein Luxus. So wurde zum Beispiel zu Xenophons Zeiten für ein gutes, ausgebildetes Schlachtross 1000 Drachmen bezahlt – das wären heute ungefähr 25.000 €.

In den früheren Kulturen ging die Begeisterung fürs Pferd sogar noch weiter: In den ersten uns bekannten Reiterkulturen war das Pferd offenkundig den Göttern nahe und darum wurden Pferdeopfer kunstvoll und rituell zelebriert. Auch die Griechen hielten es damit, dass man den Göttern etwas besonders Wertvolles und Geschätztes opfern müsse, darum waren bei ihnen Schimmelhengste bevorzugte Opfertiere.

Bei den Skythen wurden, wenn der König gestorben war, auch seine Pferde erschlagen und mit ihm begraben. Dazu wurden sie kostbar geschmückt, wie die Pferde überhaupt die Kunst der Skythen inspiriert haben.

Das Pferd in der Kunst – darüber könnte man ein eigenes Buch schreiben, Schon die Griechen und Römer stellten Pferde dar und bei den Römern gab es die ersten Reiterstatuen. Aus der Renaissance sind uns dann Pferdebilder überliefert und so wie wir heute unsere vierbeinigen Lieblinge fotografieren, ließ man sie in England durch die Zeiten hindurch malen. Selbst bei den Impressionisten und ihren Nachfolgern tauchten immer wieder Pferde auf – angefangen von den Rennbahnbildern des Toulouse-Lautrec bis hin zu Franz Marcs blauen und gelben Pferden.

Wir Reiter stehen in einer großen Tradition – und darauf können und sollen wir stolz sein.

wickelte deren „Spezialgänge" sogar noch in Richtung „Showeffekte" weiter. Dafür standen dann der Rack und der *Slow Gait* der American Saddlehorses.

Der Sitz, der sich dabei entwickelte, führt aber in seinen extremen Ausführungen bei Europäern zu Irritation: Die dafür geschaffenen Showsättel sind länger als der ursprüngliche englische Sattel, haben eine flachere Sitzfläche und einen zurückgeschnittenen Vorderzwiesel. Der Reiter wurde in dem Sattel weiter zurückgesetzt, was angeblich die Vorhand entlasten und dadurch zu einer imponierenden Aktion führen sollte. Die Reiter müssen die seltsame Gewichtsverteilung ausgleichen, indem sie ihre Beine in den Bügeln weit nach vorne strecken und die Hände hochnehmen. Es sieht nicht nur merkwürdig aus, sondern wird sogar von Insidern kritisiert, weil es die Lendenpartie der Pferde belastet, die Aufwölbung des Rückens ver- und damit die Aktion der Hinterhand behindert.

Aber in USA ging ja alles ein wenig schneller als anderswo und so sollte es einen nicht wundern, dass die amerikanische Kavallerie Ende des 19. Jahrhunderts in Fort Riley in Kansas und Fort Sill, den beiden Reitschulen der Armee, sehr bald auf den Caprilli-Stil kam. Die zivile Reiterei an der Ostküste wurde unterdessen vom portugiesischen Grafen Baretto de Souza geprägt, der während seiner Zeit in USA zwei Bücher – „Elementary Equitation" (erschienen 1922) und „Advanced Equitation" (1927) – schrieb. Sein Stil war ein Konglomerat aus der klassisch portugiesischen Reiterei, Baucher und Filis.

Im vorigen Jahrhundert begann dann auch in USA die Sportreiterei den prägendsten Einfluss auf die Englischreiterei auszuüben. Die Kavallerie versuchte, ganz schnell auf Olympiaebene mitzuspielen. Das stachelte auch den Ehrgeiz der zivilen Reiter an, und inzwischen sind die Amerikaner ja in allen drei olympischen Reitsportdisziplinen dabei. Zudem wird immer wieder diskutiert, ob nicht auch die Westernreiter ihren Platz den Olympischen Spielen bekommen sollten.

◄ Gute Reiterei entwickelt sich aus der Nähe zum Pferd und durch das Eingehen auf seine Bedürfnisse.

Lernen aus der Vergangenheit

Manchmal, wenn man auf der Tribüne eines Turniers sitzt und sieht, was da vor allem auf dem Dressurviereck geritten, gezogen, zusammengeschraubt, aufgerollt und gekrampft wird, bekommt man Angst um die Zukunft der Reiterei. Auf den ersten Blick scheint vieles so weit von den Klassikern entfernt, und man fragt sich, ob die Erfahrungen und Erkenntnisse der alten Meister mittlerweile im Mülleimer der Geschichte gelandet sind.

Doch wenn man sich mit der Geschichte beschäftigt, kann man ja nicht übersehen, dass Dressur nie etwas Festgeschriebenes war. Sie hat sich über Jahrhunderte entwickelt und ist dabei immer dem Prinzip „Versuch und Irrtum" gefolgt. Und so wie wir heute über „Rollkur" diskutieren, wurde einst über Baucher und seine Biegung im Hals debattiert. Am Ende aber – und das stimmt mich durchaus optimistisch – hat sich immer die dem Pferd zugewandte, an seinen Bedürfnissen orientierte Reiterei durchgesetzt.

Zudem kann man doch bei uns beobachten, wie ein „Vorwärts in die Vergangenheit" eingesetzt hat. Während sich die Dressurreiterei im Sport ziemlich weit von der Klassik entfernt hat, ist daneben eine alternative Szene entstanden, die sich – von den Portugiesen und Spaniern inspiriert, von den alten Meistern geschult – sehr ernsthaft und erfolgreich um traditionelle Dressurreiterei bemüht.

Auch die zunehmende Diversifizierung der Reiter in Sport- und Klassikreiter, Western- und Gangpferdefans kann man positiv sehen. Ganz persönlich: Obwohl ich eine sehr überzeugte Anhängerin der klassischen Reiterei bin, habe ich in Sachen „Erziehung des Pferdes" sehr von den Westernreitern und vom Zirkus profitiert. Lassen Sie uns daher ohne Sentimentalität das Wissen und die Erfahrung der alten Meister als Gewinn sehen und optimistisch mit in die Zukunft nehmen.

Zu guter Letzt

Quellen

1 Alle Xenophon-Zitate aus: Widdra, Dr. phil. Klaus, „Xenophon Reitkunst", WuWei Verlag 2007

2 Alle Angaben zur Historie der Zahnaltersbestimmung: Possmann Dias, Dominique, „Die Altersschätzung des Pferdes aufgrund morphologischer Veränderungen an den Zähnen", Dissertation zur Erlangung der tiermedizinischen Doktorwürde der Tierärztlichen Fakultät der Ludwig-Maximilians-Universität München 2005

3 Quelle: Michael Schäfer, „Handbuch Pferdebeurteilung", Franckh-Kosmos-Verlag, Stuttgart 2000, 2.aktualisierte Ausgabe 2007

4 Hamann, Brigitte: „Elisabeth, Kaiserin wider Willen", Piper-Taschenbuch, Piper-Verlag, München 2012

5 Anthony, David W., Telegin, Dimitri: „Die Anfänge des Reitens" in: Spektrum der Wissenschaft. Spektrumverlag, Heidelberg, 1992, ISSN:0170-2971

6 Quelle für Trakehnen-Geschichte: Eberhard von Velsen, Erhard Schulte: „Der Trakehner – Geschichte, Zucht, Leistung", Franckh'sche Verlagsbuchhandlung, Stuttgart 1981

7 Lorenz, Konrad: „Das Jahr der Graugans", Piper Taschenbuch Verlag, München 2003

8 Grzimek, Bernhard: „Und immer wieder Pferde", Kindler-Verlag, November 1982

9 Pinters, Johann Chr., „Pferdeschatz" 1688

10 Spohr, Peter: „Die Logik in der Reitkunst", zuerst erschienen Berlin 1886, Nachdruck bei Georg Olms 1979

11 Keller, Alexander Graf von: „Erfahrungen eines alten Reiters", Leipzig 1887

12 Binding, Rudolf G.: „Trakehnen – das Heiligtum der Pferde", Gräfe und Unzer Verlag, 1935

13 Beck, Friedrich: „Hippologische Mitteilungen und Notizen über die Natur, Eigenschaften, Pflege und Verwendung des Pferdes", Wien 1878

14 Spohr, Peter: „Gesundheitspflege des Pferdes", 1886

15 Keller, Alexander von: „Erfahrungen eines alten Reiters", Leipzig 1877

16 Blendinger, Wilhelm: „Psychologie und Verhaltensweise des Pferdes. Mit Vergleichen aus der Psychologie anderer Tiere und des Menschen", Erich Hoffmann Verlag, Heidenheim, 2.Auflage 1971

17 Krockow, Christian Graf von: „Die Reise nach Pommern", Deutsche Verlags Anstalt, Stuttgart 1985

18 Quelle: Ahlswede, Dr. Lutz: „Möglichkeiten der praktischen Pferdefütterung" in „Handbuch Pferd", BLV-Buchverlag, München 1994

19 Wrangel, Graf von: „Das Buch vom Pferde", Stuttgart 1895

20 Daum, Heinrich: „Curart der Druse und des Strengels", Archiv für Roßärzte und Pferdeliebhaber, Marburg, 1796

21 Máday, Dr. Stefan von: „Psychologie des Pferdes und der Dressur", Berlin 1912

22 Daum, Heinrich: „Curart der Druse und des Strengels", Archiv für Roßärzte und Pferdeliebhaber, Marburg 1796

23 Gohl, Christiane: "Was der Stallmeister noch wusste", Kosmos Verlag, Stuttgart 2015

24 Zürn, Friedrich Anton: „Ueber die Betrügereien beim Pferdehandel", Leipzig 1864

25 Fischer, Dr. U., „Der Veterinärgehilfe", Hannover 1896

26 von Hendebrand und der Lasa, L.: „Das Pferd des Infanterie-Offiziers", Leipzig 1878

27 Beck, Friedrich: „Hippologische Mittheilungen und Notizen über die Natur, Eigenschaften, Pflege und Verwendung des Pferdes", Wien 1878

28 Beck, Friedrich: „Hippologische Mittheilungen ..." siehe 27

29 Wrangel, C.G.: „Taschenbuch des Kavalleristen", Stuttgart 1903

30 Beck, Friedrich: „Hippologische Mittheilungen und Notizen über die Natur, Eigenschaften, Pflege und Verwendung des Pferdes", Wien 1878

31 Von Hendebrand und der Lasa, L.: „Das Pferd des Infanterieoffiziers", Leipzig 1878

32 Podhajsky, Alois: „Die klassische Reitkunst – Reitlehre von den Anfängen bis zur Vollendung", Nymphenburger Verlagsbuchhandlung, München 1965

33 zitiert nach: Stodulka, Dr.med.vet. Robert: „Das Phänomen François Baucher – sein Leben, seine Lehre, der Mythos", WuWei Verlag, Schorndorf 2009

34 H.Dv. 12, Reitvorschrift (R.V.) vom 18.8.1937, Berlin 1937, Verlag von E. Mittler & Sohn, zitiert aus dem Nachdruck vom WuWei Verlag, Schorndorf 2012

35 Podhajsky, Alois: „Die klassische Reitkunst", siehe 32

36 Stackelberg, Hans Freiherr von: „Reiten, ausbilden, richten – praxisbezogene Leitlinien für Pferdeleute", Paul Parey Verlag, Berlin, Hamburg 1983

37 Podhajsky, Alois: „Die klassische Reitkunst", siehe 32

38 Voss, Sophie Marie Gräfin von: „Neunundsechzig Jahre am Preußischen Hofe. Aus den Erinnerungen." Aus dem Französischen übersetzt. Duncker & Humblot, Berlin 1876

39 Forester, Cecil S.: „Hornblower and the Atropos", London 1953, zitiert nach Penguin Ausgabe 2011, Übersetzung S. L. Binder

40 Widdra, Dr. Klaus: „Xenophon Reitkunst", WuWei Verlag, siehe 1

41 Alice Hayes, zitiert nach Trench, Charles Chevenix: „Geschichte der Reitkunst"

42 Klimke, Reiner: „Military Praxis, Ratschläge für Vielseitigkeitsreiter", Franckh-Kosmos, Stuttgart 1988

43 Grisone, Frederico, zitiert nach Loch, Sylvia: „Dressur – die Kunst der klassischen Reitweise", Franckh-Kosmos Verlag, Stuttgart 2010

44 Loch, Sylvia: „Dressur – die Kunst der klassischen Reitweise"

45 de la Brone, Salomon: „La Cavaleric François", Paris 1593

46 Pluvinel, Antoine: "L'instruction du roy en l'exercice de monter à cheval", Paris 1625; Übersetzung Frankfurt 1670, zitiert nach Nachdruck Olms, Hildesheim 1972

47 De la Guérinière, François Robichon, „Ecole de Cavalerie, Contenant La Connoissance, L'Instruction et la Conservation du Cheval", Paris 1733

48 Cavendish, William, 1st Duke of Newcastle, A General System of Horsemanship, introduced by W.C. Steinkraus with commentary by E. Schmit-Jensen, Nachdruck London 2000

49 Stodulka, Dr. Robert: „Das Phänomen François Baucher – sein Leben – seine Lehre – der Mythos", WuWei Verlag, Schorndorf, 2009

50 De la Guérinière, François Robichon: "Ecole de cavalerie", Paris 1783

51 Xenophon: Reitkunst, Übersetzung von du Paty de Clam

52 Steinbrecht, Gustav: „Das Gymnasium des Pferdes", Berlin 1885, Neuauflage von Cadmos 1998

53 Stecken, Paul, Major a.d.: Bemerkungen und Zusammenhänge, FN-Verlag 2015

54 Caprilli, Federico: „Die Caprilli Papiere – Grundsätze der Kampagnen-Reitkunst", herausgegeben von Pietro Santini, Quadriga Verlag, Köln 1982

55 Loch, Sylvia: „Dressur – die Kunst der klassischen Reitweise"

56 Trench, Charles Chevenix: „Geschichte der Reitkunst", Nymphenburger Verlagshandlung GmbH, München 1970

Zum Weiterlesen

Beran, Anja: **Aus Respekt!**, Reiten zum Wohle des Pferdes; Edition WuWei bei KOSMOS 2017
Anja Berans universelles Standardwerk lässt keine Wünsche offen. Ob Anfänger oder fortgeschrittener Dressurreiter – hier findet jeder unverzichtbares Basiswissen, angefangen vom mentalen und körperlichen Rüstzeug bis hin zur pferdegerechten Ausbildung. Detaillierte Zeichnungen und Erklärungen geben eine konkrete Anleitung, wie selbst schwierige Lektionen gelingen.

Binder, Sibylle L.: **Pferderassen**, Herkunft und Eignung, Temperament und Wesen; KOSMOS 2015
Die Vielfalt der Pferderassen ist groß und jede Rasse hat ihre Liebhaber. Sibylle Luise Binder gibt Einblicke in die Besonderheiten der Rassen und stellt herausragende Vertreter in kurzen Porträts vor. Wunderschöne Fotos laden dazu ein, sich nicht nur mit der eigenen Lieblingsrasse zu befassen, sondern auch über die Pferde anderer Länder und Zuchten zu lesen.

Binder, Sibylle L.: **Welches Pferd passt zu mir?** Pferderassen und ihre Besonderheiten; KOSMOS 2017
Der Traum vom eigenen Pferd sieht bei jedem Reiter ein wenig anders aus. Wollen Sie auf gemütlichen Ausritten entspannt die Natur genießen? Oder eher sportlich ambitioniert auf Turnieren starten? Sibylle Luise Binder porträtiert die beliebtesten Pferderassen und zeigt, wie unterschiedlich die Pferde in ihrem Aussehen, ihren Talenten und charakterlichen Eigenschaften sind.

Branderup, Bent: **Die Logik hinter den Biegungen**, Gustav Steinbrecht neu erklärt; KOSMOS 2016
Gustav Steinbrechts Buch „Das Gymnasium des Pferdes" war ein bahnbrechendes Werk zur Pferdeausbildung. Bent Branderup, Großmeister der Reiterei, erklärt, wie das historische Wissen auch heute noch für die Ausbildung von Pferd und Reiter genutzt werden kann und welche Erkenntnisse mit der modernen Forschung zur Biomechanik des Pferdes vereinbar sind.

Gohl, Christiane: **Was der Stallmeister noch wusste**; KOSMOS 2015
Ausflüge in eine Zeit, in der das Reiten kein Hobby, sondern ein wichtiger Teil des Lebens war, bringen Kurioses, Amüsantes und vor allem erstaunlich Nützliches ans Licht.
Auch als E-Book erhältlich.

Heuschmann, Dr. med. vet. Gerd / Von Ziegner, Kurd Albrecht: **Die kommentierte H.Dv.12**; Edition WuWei bei KOSMOS 2017
Die Heeres-Dienstvorschrift von 1912 ist der Ursprung der heutigen Richtlinien für das Reiten und Fahren. Oberst a. D. Kurd Albrecht von Ziegner und Dr. Gerd Heuschmann ergänzen das Regelwerk der Reitkultur mit neuesten Erkenntnissen und ihrem Erfahrungsschatz. 15 Filmaufnahmen von gesprächen der beiden namhaften Autoren bilden eine aufschlussreiche und wertvolle Ergänzung zu diesem unentbehrlichen Werk.

Klimke, Ingrid: **Reite zu Deiner Freude**, Grundsätze meiner Pferdeausbildung; KOSMOS 2016
Ingrid Klimke stellt erstmals ihre Trainingsphilosophie vor. Die Basis bilden Vielseitigkeit und Abwechslung wie Cavaletti-Arbeit, Dressur, Springen und Reiten im Gelände. Am Beispiel ihrer eigenen Pferde gibt sie wertvolle Tipps zur Förderung des jeweiligen Pferdecharakters.
Auch als E-Book erhältlich

Marlie, Wolfgang: **Pferde – wie von Zauberhand bewegt**; Edition WuWei bei KOSMOS 2016
Es muss kein Traum bleiben, Pferde wie von Zauberhand bewegen und reiten zu können. Wolfgang Marlie widmet sich seit Jahrzehnten der Frage, wie sich Mensch und Pferd näherkommen und eine

gute Basis der Verständigung finden können, damit sich beide wohlfühlen. Denn wenn Pferd und Reiter Freude empfinden, dann sind sie wie von Zauberhand bewegt.
Auch als E-Book erhältlich.

Müller, Karin: **HippoSophia**, Warum Pferd und Mensch sich gut tun; KOSMOS 2016
Wer schon einmal in einem Pferdestall war und die friedliche Atmosphäre spüren konnte, weiß: Pferde und ihr Umfeld tun uns gut. Wir stärken und entwickeln uns durch die Pferde, doch wir können ihnen auch viel geben, sodass ein gegenseitiges Fördern und Wachsen entsteht. Wie der Stall ein Ort der Heilung werden kann und welche Rolle Mensch und Pferd dabei spielen, wird in diesem Buch erstmals tiefgehend beschrieben und wissenschaftlich belegt.

Podhajsky, Alois: **Die Klassische Reitkunst**, Reitlehre von den Anfängen bis zur Vollendung; KOSMOS 2009
Die Ausbildung von Reiter und Pferd nach den Grundsätzen der Klassischen Reitkunst ist von zeitloser Gültigkeit. Noch immer werden die Pferde der Spanischen Reitschule in Wien nach diesen Grundsätzen ausgebildet. Diese wegweisende Reitlehre wurde von Alois Podhajsky, Olympiamedaillengewinner Dressur, erstmals schriftlich festgehalten.

Roida, Kathrin: **Gymnastizieren an der Hand**; KOSMOS 2017
Die Arbeit an der Hand fördert Konzentration, Körpergefühl, Selbstbewusstsein und Gesundheit der Pferde. Kathrin Roida zeigt, wie man Jungpferde, gesunde Reitpferde, Korrektur- und Rehabilitationspferde typ- und altersgerecht trainiert. Wichtige Lektionen werden von einer Osteopathin beurteilt, die biomechanische Zusammenhänge erklärt. Auch als E-Book erhältlich.

Schöffmann, Dr. Britta: **Lektionen richtig reiten**; KOSMOS 2016
Von A wie Abwenden bis Z wie Zick-Zack-Traversale findet der Reiter in diesem Buch jede wichtige Lektion ausführlich erklärt. Er erfährt, wie die Übungen richtig geritten werden, welche Fehler man vermeiden sollte und mit welchen Hilfen die Lektionen Schritt für Schritt erarbeitet werden.

Stodulka, Dr. med. vet. Robert: **Das Phänomen François Baucher**, Sein Leben – Seine Lehre – Der Mythos; Edition WuWei bei KOSMOS 2009
Dr. Stodulka widmet sich in diesem Buch dem Phänomen François Baucher und dessen Lehre, da in dieser Methode viel Wertvolles und noch Unbekanntes für den täglichen Umgang mit dem Pferd steckt. Durch detailreiche Erklärungen und Illustrationen hat dieses Buch einen ganz besonderen Wert für jeden Pferdeliebhaber und Ausbilder, der sich auf der Suche nach einer weiteren reiterlichen Wahrheit offen zeigt.

Sachregister

Personenregister

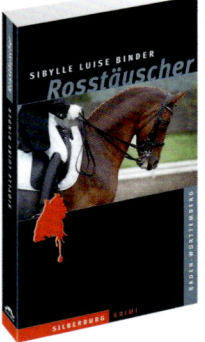

Ein Pferdekrimi

Sibylle Luise Binder
Rosstäuscher
336 Seiten
ISBN 978-3-8425-1396-9

Über die Autorin

Sibylle Luise Binder beschäftigt sich schon seit ihrer Kindheit mit Pferden und hat als passionierte Reiterin, Pferdebesitzerin und Züchterin viele Pferdekenner vom alten Schlag persönlich kennengelernt. Als Pferdebuchautorin ist sie seit über einem Vierteljahrhundert tätig und hat für den KOSMOS-Verlag schon viele erfolgreiche Titel zu Papier gebracht. Wenn sie gerade keinen Pferderatgeber schreibt, dann ist Bylle Binder in Sachen Oper, Krimi oder Geschichte unterwegs. Gerne auch mal alles gleichzeitig.

Nützliche Adressen

Baden – Württemberg
Haupt- und Landgestüt Marbach
Gestütshof 1
72532 Gomadingen
Tel.: 0 73 85 / 96 95-0
Fax: 0 73 85 / 96 95-10
email: poststelle@hul.bwl.de
www.gestuet-marbach.de

Bayern
Haupt- und Landgestüt Schwaiganger
Schwaiganger 1
82441 Ohlstadt / Oberbayern
Tel.: 0 88 41 / 61 36-0
Fax: 0 88 41 / 61 36-66
email: LVFZ-Schwaiganger@LfL.bayern.de
www.lfl.bayern.de/lvfz/schwaiganger/

Niedersachen
Niedersächsisches Landgestüt Celle
Spörckenstraße 10
29221 Celle
Tel: 0 51 41 / 92 94-0
Fax: 0 51 41 / 92 94-31
email: poststelle@lgst-celle.niedersachsen.de
landgestuetcelle.de

Nordrhein-Westfalen
Nordrhein-Westfälisches Landgestüt Warendorf
Sassenberger Straße 11
48231 Warendorf
Tel.: 0 25 81 / 63 69-0
Fax: 0 25 81 / 63 69-50
email: info@landgestuet.nrw.de
www.landgestuet.nrw.de

Danke schön!

Ein Buch schreibt man alleine. Aber bis man alles zusammen hat, was drin stehen soll und bis man nachher alles noch einmal überprüft hat, muss man mit vielen Leuten reden und ihre Geduld beanspruchen. Dafür möchte ich mich heute bedanken, wobei ich mit dem Herrn anfange, der mir die Grundlagen beigebracht hat und der mir als Reiter und Pferdemensch zum Vorbild wurde: Alfred Casper vom Gestüt Birkhof. Danke für Ihre Güte und Geduld mit mir!

Eine ganze Menge habe ich dem leider schon verstorbenen Reitmeister George Theodorescu zu verdanken, der mir ebenso wie Richard Hinrichs und Anja Beran Respekt vor dem Pferd beigebracht hat. In meiner Liste von Pferdemenschen und -lehrern stehen aber auch die freundlichen, alten Gestüter in Marbach und Schwaiganger, die man einfach so auf dem Stallgang ansprechen durfte. Und dann

denke ich voll Dankbarkeit an drei ganz besondere Pferdemenschen, von denen ich nach 30 Jahren Umgang mit dem Pferd noch etwas ganz Neues gelernt habe: Jana Lacey-Krone, Nicolai Towaritsch und Claus Lehner vom Circus Krone. Euch bei der Arbeit über die Schulter schauen zu dürfen war ein Erlebnis und hat mich sehr bewegt.

Schließlich bleiben zwei, die mit Pferden eigentlich nicht viel am Hut haben. Aber Freundin Lily hat dennoch immer ein offenes Ohr, ist mein „Korrektor in Sachen Allgemeinverständlichkeit" und stellt kluge Fragen, die weiterhelfen. Dank Dir dafür, Poppet! Und dem, der nicht genannt werden will, danke ich für Speis' und Trank und vor allem die seelische Rundumbetreuung!

Herzlich
Sibylle Luise Binder

Bildnachweis

Mit 275 Fotos:
112 Farbfotos wurden von Maresa Mader für dieses Buch aufgenommen.
Weitere Farbfotos von Archiv Trakehner Verband (2): S. 37, 54 li.; Jutta Bauernschmitt (3): S. 440 re., 49 u., 148; Ulrike Sahm (1): S. 38; Beate Schmidtlein (1): S. 53; Christiane Slawik (1): S. 138; Horst Streitferdt / Kosmos (41): S. 13 u., 14 o., 26 u., 40 u. re., 41, 42 o., u., 44 (2), 45, 47, 49 o., 60, 61, 62, 63, 65, 68 o., mi., u., 70 li., mi., re., 82, 87 li., re., 92, 93 o., 95, 96 li., re., 98, 103 li., re., 104, 107 o., u., 120, 121, 123, 151.
Mit 15 Schwarzweißfotos von Archiv Gerhard Schulte: S. 29 o., mi., u., 31 o., u., 32 o. li., o. re., 33 li., re., 34 o., u. li., u. re., 36 o. li., o. re., 54 re.

Impressum

Umschlaggestaltung: Andrea Burk, solutioncube, unter Verwendung von 1 Farbfoto von Getty Images / Christopher Kontoes

Mit 175 Farbfotos und 15 Schwarzweißfotos.

Alle Angaben und Methoden in diesem Buch sind sorgfältig recherchiert, erwogen und geprüft. Sie entbinden den Pferdefreund nicht von der Eigenverantwortung für sein Tier und sich selbst. Die Anwendung der beschriebenen Methoden liegt in eigener Verantwortung. Der Verlag und die Autorin übernehmen keine Haftung für Personen-, Sach- oder Vemögensschäden, die aus der Anwendung der vorgestellten Materialien und Methoden entstehen.

Unser gesamtes Programm finden Sie unter **kosmos.de**.
Über Neuigkeiten informieren Sie regelmäßig unsere
Newsletter, einfach anmelden unter **kosmos.de/newsletter**.

Gedruckt auf chlorfrei gebleichtem Papier

©2017, Franckh-Kosmos Verlags-GmbH & Co. KG, Stuttgart.
Alle Rechte vorbehalten
ISBN 978-3-440-14077-2
Redaktion: Alexandra Haungs
Gestaltungskonzept: Peter Schmidt Group GmbH, Hamburg
Gestaltung und Satz: Katrin Kleinschrot, Stuttgart
Produktion: Nina Renz
Druck und Bindung: Firmengruppe Appl, aprinta druck, Wemding
Printed in Germany / Imprimé en Allemagne

Die große Vielfalt
—— der Pferde erleben

Die Vielfalt der Pferderassen ist groß und jede Rasse hat ihre Liebhaber. Sibylle Luise Binder gibt Einblicke in die Besonderheiten der Rassen und stellt herausragende Pferde in kurzen Porträts mit Infos zu Herkunft, Eignung, Temperament und Wesen vor. Wunderschöne Fotos laden dazu ein, sich nicht nur mit der eigenen Lieblingsrasse zu befassen, sondern auch über die Pferde anderer Länder und Zuchten zu lesen.

256 Seiten, ca. €(D) 29,99

„Welches Pferd passt zu mir?" ist eine der wichtigsten Fragen für jeden Reiter. Ob für sportlich ambitioniertes Reiten oder zur Entspannung, für Liebhaber großer Pferde oder Ponyfreunde – Sibylle Luise Binder zeigt, wie der Wunsch vom Traumpferd Wirklichkeit wird. Sie stellt die beliebtesten Rassen in ausführlichen Porträts vor und beschreibt alle Eigenschaften, die bei der Auswahl berücksichtigt werden sollten. Ein Test hilft, die eigenen Ziele zu präzisieren, viele Fotos zeigen jede Rasse von ihrer schönsten Seite.

128 Seiten, ca. €(D) 14,99

Praktische Hilfe
—— von den Experten

176 Seiten, ca. €(D) 34,90

Anja Berans universelles Standardwerk lässt keine Wünsche offen. Ob Anfänger oder fortgeschrittener Dressurreiter – hier findet jeder unverzichtbares Basiswissen, angefangen vom mentalen und körperlichen Rüstzeug bis hin zur pferdegerechten Ausbildung. Detaillierte Zeichnungen und Erklärungen geben eine konkrete Anleitung, wie selbst schwierige Lektionen gelingen. Ergänzendes Hintergrundwissen macht deutlich, welchen Sinn jede Lektion für die Ausbildung des Pferdes hat. Ein Werk, das in keiner Reiterbibliothek fehlen darf – klar, verständlich und gut umsetzbar.

Die Arbeit an der Hand fördert Konzentration, Körpergefühl, Selbstbewusstsein und Gesundheit der Pferde. Kathrin Roida zeigt, wie man Jungpferde, gesunde Reitpferde, Korrektur- und Rehabilitationspferde typ- und altersgerecht trainiert. Schritt-für-Schritt-Erklärungen veranschaulichen sowohl die einzelnen Lektionen als auch die Positionierung des Ausbilders. Wichtige Lektionen werden von einer Osteopathin beurteilt, die biomechanische Zusammenhänge erklärt.

144 Seiten, ca. €(D) 26,99